油田企业岗位技能操作标准化培训教程

轻烃装置工

徐　明◎主编

中国石化出版社

图书在版编目（CIP）数据

轻烃装置工 / 徐明主编. — 北京 ：中国石化出版社，2021. 5
油田企业岗位技能操作标准化培训教程
ISBN 978-7-5114-6269-5

Ⅰ. ①轻… Ⅱ. ①徐… Ⅲ. ①烃-石油炼制-化工设备-操作-技术培训-教材 Ⅳ. ①TE96

中国版本图书馆 CIP 数据核字（2021）第 087863 号

中国石化出版社出版发行
地址：北京市东城区安定门外大街 58 号
邮编：100011　电话：(010)57512500
发行部电话：(010)57512575
http://www. sinopec-press. com
E-mail：press@ sinopec. com
北京柏力行彩印有限公司印刷
全国各地新华书店经销
*
787×1092 毫米 16 开本 11 印张 269 千字
2021 年 6 月第 1 版　2021 年 6 月第 1 次印刷
定价：66. 00 元

前　　言

当前，中国石化西北油田分公司（以下简称“西北油田”）已迈入持续高质量发展的新征程。在改革发展的新起点、新征程上，人才是促进产业经济发展最重要的资源，因此要走好高质量发展之路，就必须对涵养好人才这一“源头活水”提出更高的要求。

为持续推进西北油田人才供给侧改革，全面实施人才强企工程和“3367”人才培养工程，本书为满足西北油田员工培训、职业技能鉴定、职业技能竞赛、验证式考核的实际需求，结合西北油田技能人才队伍建设规划，人力资源部及西北石油职业技能鉴定站以通用性、技术性、先进性、安全性、可操作性为原则，组织采油一厂、采油二厂、采油三厂、雅克拉采气厂编写了《油田企业岗位技能操作标准化培训教程》，对进一步提高技能操作人员专业知识和专业能力，打造一支适应新形式下油公司发展目标的技能人才队伍，不断提升技能人才能力素质，具有较强的现场实际操作性指导作用。

本书的编写以“国家石油石化行业职业资格标准”为依据，同时结合西北油田现场生产运行、装备技术更新等实际情况，与公开出版的《石油石化职业技能培训教程》保持一致。培训教程内容包含初级工、中级工、高级工各级别操作标准，既可以用于员工岗前技能培训，也可用于职业技能鉴定和自我技能水平提升。

本书在编写过程中得到了西北油田各级领导的关心关怀以及各单

位的大力支持和帮助，尤其是毛谦明、徐明、杨亚明、王洪江、张海、张向辉、康仁德、刘文杰等同志提出了大量的指导建议。同时，也得到了许多关心和支持西北油田技能操作人才队伍建设和发展的同仁的鼓励和宝贵意见，有力地保证了本书的编撰，在此一并表示衷心的感谢！

由于编写人员水平有限，加之时间仓促，书中难免存在不妥之处，敬请广大读者批评指正。

目　　录

初　级　工

一、热媒炉巡检操作 …………………………………………………………（3）
二、原料气压缩机巡检操作 …………………………………………………（8）
三、丙烷压缩机巡检操作 ……………………………………………………（14）
四、空气压缩机巡检操作 ……………………………………………………（19）
五、分子筛干燥塔巡检操作 …………………………………………………（23）
六、粉尘过滤器巡检操作 ……………………………………………………（27）
七、MDEA 吸收塔巡检操作 …………………………………………………（31）
八、MDEA 再生塔巡检操作 …………………………………………………（35）
九、分离器巡检操作 …………………………………………………………（39）
十、球罐巡检操作 ……………………………………………………………（43）
十一、空冷器启停操作 ………………………………………………………（46）
十二、屏蔽泵启停操作 ………………………………………………………（50）
十三、天然气取样操作 ………………………………………………………（54）

中　级　工

十四、空气压缩机切换操作 …………………………………………………（61）
十五、分子筛干燥塔切换操作 ………………………………………………（66）
十六、粉尘过滤器投运操作 …………………………………………………（71）
十七、MDEA 吸收塔投运操作 ………………………………………………（74）
十八、MDEA 再生塔投运操作 ………………………………………………（79）
十九、分离器投运操作 ………………………………………………………（83）
二十、换热器投用操作 ………………………………………………………（88）
二十一、再生气加热器投用操作 ……………………………………………（93）
二十二、轻烃取样操作 ………………………………………………………（98）
二十三、机械过滤器投运操作 ………………………………………………（102）
二十四、球罐倒罐操作 ………………………………………………………（105）
二十五、液化气充装操作 ……………………………………………………（108）
二十六、轻烃充装操作 ………………………………………………………（113）
二十七、液化石油气取样操作 ………………………………………………（118）

高 级 工

二十八、热媒炉启炉操作 …………………………………………………… (125)
二十九、热媒炉停运操作 …………………………………………………… (131)
三十、原料气压缩机启机操作 ……………………………………………… (135)
三十一、原料气压缩机停机操作 …………………………………………… (142)
三十二、丙烷压缩机启机操作 ……………………………………………… (147)
三十三、丙烷压缩机停机操作 ……………………………………………… (153)
三十四、透平膨胀机启停操作 ……………………………………………… (157)
三十五、精馏塔投运操作 …………………………………………………… (163)

初级工

一、热媒炉巡检操作

1. 考核要求

（1）必须穿戴劳动保护用品。
（2）工具、量具、用具准备齐全，正确使用。
（3）操作规程符合安全文明操作。
（4）按规定完成操作项目，质量达到技术要求。
（5）操作完毕，做到“工完、料净、场地清”。

2. 准备要求

（1）设备准备：

序　号	名　称	规　格	数　量	备　注
1	热媒炉		1台	

（2）材料准备：

序　号	名　称	规　格	数　量	备　注
1	大布		若干	
2	手套		若干	
3	报表		若干	
4	笔		1支	

（3）工具、用具准备：

序　号	名　称	规　格	数　量	备　注
1	四合一气体检测仪		1台	
2	正压式空气呼吸器		1具	
3	耳塞		1副	
4	试电笔		1支	

3. 操作程序说明

1）检查工具、用具、量具
（1）检查各工具、用具、量具的可用性，须符合本次操作使用要求。

（2）检查四合一气体检测仪有合格证书、校验标签在有效期内，归零检测。

（3）检查试电笔有合格证书、校验标签在有效期内，外观完好无破损、无受潮或进水。

2）检查热媒炉流程

（1）口述：热媒炉运行过程中每2h进行一次巡检。

（2）检查热媒炉流程及各阀门开关状态，无“跑、冒、滴、漏”现象。

（3）检查热媒炉安全阀连接应无“跑、冒、滴、漏”现象。

（4）检查安全阀校验铭牌在有效期内，铅封是否完好，本体有无破损裂痕，根部阀全开。

（5）检查热媒炉供气流程及供气压力（供气压力在规定范围内）。

（6）检查热媒炉膨胀罐导热油液位在1/2处，导热油储罐液位在液位计量程的1/3~1/2之间。

（7）检查热媒炉燃烧器火焰是否为正常火焰大小、颜色（80%蓝色、20%白黄色）。

（8）检查温度计在有效期内，表壳有无破损裂痕，刻度是否清晰，指针有无松动。

（9）检查压力表在有效期内，量程在1/3~2/3之间，铅封是否完好，表壳有无破损裂痕，刻度是否清晰，指针有无松动。

（10）检查PLC控制柜上是否存在报警信息（使用试电笔检验漏电）。

（11）检查导热油循环泵有无异响。

（12）检查压差调节阀供气压力、阀门开关灵活、阀门所处工作状态。

（13）检查导热油泵流量在规定的范围内。

（14）检查烟道是否冒黑烟。

（15）检查静电接地和静电跨接是否完好。

3）填写报表

（1）记录参数，填写数据，字迹应正确、完整、清晰、无涂改。

（2）记录热媒炉进出口压力及温度。

（3）记录导热油泵流量。

（4）记录热媒炉燃烧器供气压力。

（5）记录热媒炉壳体温度和压力。

（6）记录膨胀罐液位、导热油储罐液位。

（7）记录烟道温度。

4. 考核规定说明

（1）如发现操作过程中可能发生重大违章（如人身伤害、环境污染、设备损坏等），将终止操作。

（2）考核采用百分制，考核项目得分按鉴定比重进行折算。

（3）考核方式说明：本项目为实际操作题，考核过程按评分标准及操作过程进行评分。

（4）考评技能说明：本项目主要测试考生对加热炉巡检技能掌握的熟练程度。

5. 考核时限

（1）准备工作：1min（不计入考核时间）。

(2) 正式操作时间：15min。

(3) 提前完成操作不加分，到时终止操作考核。

6. 评分记录表

热媒炉巡检操作评分记录表

操作时间：15min　　考生：　　操作用时：

序号	考核内容	操作规程	评分要素	评分标准	配分	扣分	得分
1	准备	1. 穿戴好劳动保护用品； 2. 准备工具：四合一气体检测仪、正压式呼吸器、耳塞、报表、笔、大布、手套、验电笔	准备工具、量具、用具	1. 劳保穿戴不整齐扣5分； 2. 未准备工具扣5分，多、少一件扣1分； 3. 未检查四合一气体检测仪扣5分，少检查一项扣2分； 4. 未检查试电笔扣5分，少检查一项扣2分	10		
2	检查加热炉流程	1. 口述：热媒炉正常运行过程中每2h进行一次巡检； 2. 检查流程无“跑、冒、滴、漏”现象； 3. 检查静电接地或静电跨接是否完好； 4. 检查阀门开关状态； 5. 检查热媒炉安全阀连接“跑、冒、滴、漏”，检查安全阀校验铭牌在有效期内，铅封是否完好，本体有无破损裂痕，根部阀全开； 6. 检查导热油进出扣压力； 7. 检查热媒炉供气压力，工作压力在规定范围内； 8. 热媒炉膨胀罐导热油液位在液位计1/2处，热油储罐液位在液位计的1/3～1/2之间； 9. 检查热媒炉燃烧器火焰是否为正常火焰大小、颜色(80%蓝色、20%白黄色)；	按操作规程认真检查每一项	1. 未口述扣2分； 2. 未检查流程此项不得分，未确认阀门开关状态，一处扣5分，其余少检查一处扣2分； 3. 未检查静电接地和静电跨接是否完好扣5分； 4. 未检查阀门开关状态，一处扣5分； 5. 未检查热媒炉安全阀扣20分，少检查一项5分； 6. 未检查热媒炉导热油进出口压力扣5分； 7. 未检查供气压力扣10分，未口述范围值扣5分；不会调整减压阀压力扣10分； 8. 未检查膨胀罐、热煤油储罐液位扣20分，少一处扣10分，未口述标准一处扣5分； 9. 未检查热媒炉火焰扣5分，未口述火焰颜色扣2分； 10. 未检查流程压力、温度，一处扣5分，检查内容少一项扣2分； 11. 未检查PLC控制面板扣15分，未处理报警信息扣10分(未用试电笔确定控制柜是否漏电扣10分)； 12. 未检查循环泵运行压力、流量各扣15分； 13. 未检查调节阀扣10分，检查内容一项扣2分； 14. 未检查烟囱是否冒黑烟扣10分	80		

续表

序号	考核内容	操作规程	评分要素	评分标准	配分	扣分	得分
2	检查加热炉流程	10. 检查温度计在有效期内，表壳有无破损裂痕，刻度是否清晰，指针有无松动； 11. 检查压力表在有效期内，量程在1/3～2/3之间；铅封是否完好，表壳有无破损裂痕，刻度是否清晰，指针有无松动； 12. 检查PLC控制面板有无报警信息存在； 13. 检查导热油泵流量在规定的范围内； 14. 检查烟囱是否冒黑烟； 15. 检查导热油泵是否有异响； 16. 检查压差调节阀（检查内容：开关灵活、气动阀供气压力，工作状态）					
3	填写报表	1. 记录进口供气管线压力； 2. 记录导热油进出口温度； 3. 记录导热油泵流量； 4. 记录导热油循环泵进出口压力； 5. 正确观察压力、温度（三点一线）； 6. 压力、温度读值应在误差范围内； 7. 记录膨胀罐液位、导热油储罐液位； 8. 记录烟道温度	字迹工整、无涂改	1. 未填写报表此项不得分； 2. 压力、温度数值漏填、填错一处扣2分； 3 报表未填写记录人扣10分	10		

续表

序号	考核内容	操作规程	评分要素	评分标准	配分	扣分	得分
4	安全文明操作	1. 遵守国家或企业有关安全规定； 2. 操作过程中严格遵守“四不伤害”原则	遵守国家或企业有关安全规定	1. 每违反一项规定，从总分中扣5分； 2. 因操作不当造成人身伤害，从总分中扣20分； 3. 严重违规取消考核； 4. 不检查安全阀终止操作； 5. 不正确使用工具、用具，扣分项在安全文明操作项内扣除，一次扣2分，最多扣20分			
备注							
合　计					100		

考评员：　　　　　　　　核分员：　　　　　　　　年　月　日

7. 报表

热媒炉巡检报表

热媒炉加热系统											
热媒炉燃料气压力/MPa	热媒炉烟道温度/℃	导热油进炉温度/℃	导热油出炉温度/℃	导热油泵进口压力/MPa	导热油泵出口压力/MPa	导热油压差/kPa	导热油进加热炉管网压力/MPa	导热油出加热炉管网压力/MPa	热油泵流量/(m^3/h)	膨胀罐液位/m	储油罐液位/m

备注：

记录人：　　　　　　　　记录时间：　　年　　月　　日

二、原料气压缩机巡检操作

1. 考核要求

(1) 必须穿戴劳动保护用品。
(2) 工具、量具、用具准备齐全，正确使用。
(3) 操作规程符合安全文明操作。
(4) 按规定完成操作项目，质量达到技术要求。
(5) 操作完毕，做到“工完、料净、场地清”。

2. 准备要求

(1) 设备准备：

序 号	名 称	规 格	数 量	备 注
1	压缩机		1台	

(2) 材料准备：

序 号	名 称	规 格	数 量	备 注
1	大布		若干	
2	手套		若干	
3	报表		若干	
4	笔		1支	

(3) 工具、用具准备：

序 号	名 称	规 格	数 量	备 注
1	四合一气体检测仪		1台	
2	耳塞		1个	
3	正压式空气呼吸器		1具	
4	试电笔		1支	
5	红外线测温枪		1把	
6	测振仪		1台	
7	活动把手	250mm	1把	

3. 操作程序说明

1）检查工具、用具、量具

（1）检查各工具、用具、量具的可用性，须符合本次操作使用要求。

（2）检查四合一气体检测仪有合格整、校验标签、在有效期内，归零检测。

（3）检查试电笔有合格证书、校验标签在有效期内，外观完好无破损、无受潮或进水。

2）原料气压缩机巡检操作

（1）口述：原料气压缩机在运行过程中每1h巡检一次。

（2）检查静电接地是否完好，各螺栓有无松动。

（3）检查压缩机一级气缸、二级气缸进气压力和排气压力，进气温度和排气温度在铭牌规定范围内。

（4）检查压缩机流程，无“跑、冒、滴、漏”现象，各阀门的开关状态正常。

（5）检查电源和仪表风是否正常。

（6）检查电动机、压缩机油位是否正常（口述：液位应控制在1/2~2/3之间）。

（7）检查补水箱水位是否正常（口述：液位应控制在1/2~2/3之间）。

（8）检查安全阀校验铭牌在有效期内，铅封是否完好，本体有无破损裂痕，根部阀全开。

（9）检查温度计在有效期内，铅封是否完好，表壳有无破损裂痕，刻度是否清晰，指针有无松动现象。

（10）检查压力表在有效期内，量程在1/3~2/3之间，铅封是否完好，表壳有无破损裂痕，刻度是否清晰，指针有无松动现象。

（11）检查压缩机一级洗涤罐和二级洗涤罐液位在1/2以下；确认自动排液阀正常、液位计通畅，排污阀完好。

（12）口述：在冬季生产时，需投运电加热系统并检查加热系统工作正常。

（13）检查压缩机空冷器有无异响、电机温度是否正常、皮带有无松动、脱落。

（14）检查压缩机1#、2#、3#绕组温度是否在正常范围值内。

（15）检查压缩机驱动端、非驱动端温度是否在正常，在正常范围内。

（16）检查PLC控制柜上是否存在有报警的信息。

3）填写报表

（1）记录参数，填写数据，字迹应正确、完整、清晰、无涂改。

（2）记录原料气压缩机一级、二级进、排气压力、温度。

（3）记录原料气压缩机绕组温度。

（4）记录原料气压缩机驱动端与非驱动端的温度。

4. 考核规定说明

（1）如发现操作过程中可能发生重大违章（如人身伤害、环境污染、设备损坏等），将终止操作。

（2）考核采用百分制，考核项目得分按鉴定比重进行折算。

（3）考核方式说明：本项目为实际操作题，考核过程按评分标准及操作过程进行评分。

（4）考评技能说明：本项目主要测试考生对原料气压缩机巡检技能掌握的熟练程度。

5. 考核时限

(1) 准备工作：1min(不计入考核时间)。
(2) 正式操作时间：15min。
(3) 提前完成操作不加分，到时终止操作考核。

6. 评分记录表

原料气压缩机巡检操作评分记录表

操作时间：15min　　　　考生：　　　　操作用时：

序号	考核内容	操作规程	评分要素	评分标准	配分	扣分	得分
1	准备	1. 穿戴好劳动保护用品； 2. 准备工具：四合一气体检测仪、正压式呼吸器、报表、笔、大布、绝缘手套、F扳手	准备工具、量具、用具	1. 劳保穿戴不整齐扣5分； 2. 未准备工具扣5分，多、少一件扣1分； 3. 未检查四合一气体检测仪扣5分，少检查一项扣2分； 4. 未检查试电笔扣5分，少检查一项扣2分； 5. 未检查绝缘手套外观完好、无老化、无漏气，合格证书、校验标签扣2分	10		
2	原料气压缩机巡检操作	1. 口述：原料气压缩机在运行过程中每1h巡检一次； 2. 检查静电接地是否完好，各螺栓有无松动； 3. 检查压缩机一级气缸、二级气缸进气压力和排气压力，进气温度和排气温度在铭牌规定范围内； 4. 检查压缩机流程，无“跑、冒、滴、漏”现象，各阀门的开关状态正常； 5. 检查电源和仪表风是否正常； 6. 检查电动机、压缩机油位是否正常； 7. 检查补水箱水位是否正常；	按要求进行巡检	1. 口述：原料气压缩机在运行过程中每1h巡检一次； 2. 未检查静电接地扣2分； 未用试电笔确定控制柜是否漏电扣5分； 3. 未检查一级、二级气缸进气和排气压力、温度在规定范围内扣5分； 4. 未检查“跑、冒、滴、漏”现象扣2分； 5. 未检查电源、仪表风扣2分； 6. 未检查压缩机油位扣2分； 7. 未检查补水箱水位扣2分； 8. 未检查PLC控制柜上是否存在报警信息扣5分； 9. 未检查一级、二级洗涤罐液液位扣5分，未口述在冬季运行时投运电伴热扣5分； 10. 未检查安全阀扣5分； 11. 未检查进出口温度表，一处扣5分； 12. 未检查进出口压力表，一处扣5分；	75		

续表

序号	考核内容	操作规程	评分要素	评分标准	配分	扣分	得分
2	原料气压缩机巡检操作	8. 检查PLC控制柜上是否存在有报警的信息； 9. 检查压缩机一级洗涤罐和二级洗涤罐液位在液位计的1/2~2/3之间；确认液位计通畅，排污阀完好；口述：在冬季生产时，需投运电加热系统并检查加热系统工作正常； 10. 检查安全阀校验铭牌在有效期内，铅封是否完好，本体有无破损裂痕，根部阀全开； 11. 检查温度计在有效期内，铅封是否完好，表壳有无破损裂痕，刻度是否清晰，指针有无松动现象； 12. 检查压力表在有效期内，量程在1/3~2/3之间，铅封是否完好，表壳有无破损裂痕，刻度是否清晰，指针有无松动现象； 13. 检查压缩机一级洗涤罐和二级洗涤罐液位在液位计的1/2~2/3之间；确认液位计通畅完好，排污阀完好； 14. 检查压缩机空冷器电机有无异响、电机温度是否正常、皮带有无松动脱落； 15. 检查压缩机1#、2#、3#绕组温度值是否在正常范围值内；		13. 未检查一级、二级洗涤罐液位计，一处扣5分；未检查排污阀，一处扣5分； 14. 未检查压缩机空冷器，一处扣5分； 15. 未检查绕组温度，一处扣5分； 16. 未检查主电机驱动端、非驱动端温度，一处扣5分； 17. 未用测温工具检测压缩机各点温度扣20分，少检测一点扣2，未用振幅仪检测各振幅点扣20分，少检测一点扣2分			

续表

序号	考核内容	操作规程	评分要素	评分标准	配分	扣分	得分
2	原料气压缩机巡检操作	16. 检查压缩机主电机驱动端、非驱动端温度是否在正常值外围内； 17. 检测压缩机各点温度及振幅					
3	填写报表	1. 记录参数，填写数据，字迹应正确、完整、清晰、无涂改； 2. 记录压缩机一级、二级排气进出口压力、温度； 3. 记录压缩机绕组温度； 4. 记录原料气压缩机驱动端与非驱动端的温度； 5. 记录滑油压力、温度	记录参数，填写数据	1. 字迹模糊、不全、涂改，一处扣2分； 2. 未记录数据、填写错误、漏填，一处扣3分	15		
4	安全文明操作	1. 遵守国家或企业有关安全规定； 2. 操作过程中严格遵守“四不伤害”原则	遵守国家或企业有关安全规定	1. 每违反一项规定，从总分中扣5分； 2. 因操作不当造成人身伤害，从总分中扣20分； 3. 严重违规取消考核； 4. 不正确使用工具、用具，扣分项在安全文明操作项内扣除，一次扣2分，最多扣20分			
备注							
合　计					100		

考评员：　　　　核分员：　　　　年　月　日

7. 报表

压缩机报表

发动机						压缩机					
电机								一级气缸		二级气缸	
1#绕组温度/℃	2#绕组温度/℃	3#绕组温度/℃	润滑油温度/℃	驱动端温度/℃	非驱动端温度/℃	入口压力/MPa	机油压力/MPa	排气温度/℃	排气压力/MPa	排气温度/℃	排气压力/MPa

现场温度检测					
一级进气缓冲罐温度		二级进气缓冲罐温度		曲轴箱温度	
标准值	检测值	标准值	检测值	标准值	检测值
40		60		65	
一级排气缓冲罐温度		二级排气缓冲罐温度		一级气缸测温	
标准值	检测值	标准值	检测值	标准值	检测值
120		125		40/125	
主电机驱动端温度		电机非驱动端温度		二级气缸测温	
标准值	检测值	标准值	检测值	标准值	检测值
75		75		120	
冷却水进口温度		冷却水出口温度		空冷器电机A/B温度	
标准值	检测值	标准值	检测值	标准值	检测值A/B
40		50		80	

现场振幅检测					
检测部位	标准值	检值测	检测部位	标准值	检测值
一级缸测振点1	18 μm		主电机机体测振1	18 μm	
一级缸测振点2			主电机机体测振2		
二级缸测振点1			主电机机体测振3		
二级缸测振点2			主电机机体测振4		
压缩机机体测振1			空冷器测振1		
压缩机机体测振2			空冷器测振2		
压缩机机体测振3			空冷器测振3		
压缩机机体测振4			空冷器测振4		
压缩机出口管线1			压缩机出口管线2		

备注：

记录人： 记录时间： 年 月 日

三、丙烷压缩机巡检操作

1. 考核要求

（1）必须穿戴劳动保护用品。

（2）工具、量具、用具准备齐全，正确使用。

（3）操作规程符合安全文明操作。

（4）按规定完成操作项目，质量达到技术要求。

（5）操作完毕，做到“工完、料净、场地清”。

2. 准备要求

（1）设备准备：

序　号	名　称	规　格	数　量	备　注
1	压缩机		1台	

（2）材料准备：

序　号	名　称	规　格	数　量	备　注
1	大布		若干	
2	手套		若干	
3	报表		若干	
4	笔		1支	

（3）工具、用具准备：

序　号	名　称	规　格	数　量	备　注
1	四合一气体检测仪		1台	
2	正压式呼吸器		1具	
3	耳塞		1副	
4	试电笔		1支	
5	开口扳手	17~19	1把	

3. 操作程序说明

1）检查工具、用具、量具

（1）检查各工具、用具、量具的可用性，须符合本次操作使用要求。

（2）检查四合一气体检测仪有合格整、校验标签、在有效期内，归零检测。

（3）检查试电笔有合格证书、校验标签在有效期内，外观完好无破损、无受潮或进水。

（4）检查试电笔有合格证书、校验标签在有效期内，外观完好无破损、无受潮或进水。

2）丙烷压缩机巡检

（1）口述：丙烷压缩机在运行过程中每 1h 巡检一次。

（2）检查丙烷压缩机吸气压力和排气压力，进气温度和排气温度在铭牌规定范围内。

（3）检查压缩机流程，无“跑、冒、滴、漏”现象，各阀门的开、关状态正常。

（4）检查电源和仪表风是否正常。

（5）检查压缩机润滑油油位是否正常。

（6）检查安全阀校验铭牌在有效期内，铅封是否完好，本体有无破损裂痕，根部阀全开。

（7）检查温度计在有效期内，铅封是否完好，表壳有无破损裂痕，刻度是否清晰，指针有无松动现象。

（8）检查压力表在有效期内，量程在 1/3～2/3 之间，铅封是否完好，表壳有无破损裂痕，刻度是否清晰，指针有无松动现象。

（9）检查丙烷压缩机出口空冷器有无异响、电机温度是否正常、皮带有无松动、脱落。

（10）检查 PLC 控制柜上是否存在有报警。

（11）检查各链接螺栓是否有松动。

（12）检查丙烷吸入罐液位不超过 400mm。

（13）检查丙烷缓冲换液位不低液位计量程 1/2。

3）填写报表

（1）记录参数，填写数据，字迹应正确、完整、清晰、无涂改。

（2）记录丙烷压缩机吸气、排气压力温度。

（3）记录丙烷压缩机滑油压力、油分离器温度。

4. 考核规定说明

（1）如发现操作过程中可能发生重大违章（如人身伤害、环境污染、设备损坏等），将终止操作。

（2）考核采用百分制，考核项目得分按鉴定比重进行折算。

（3）考核方式说明：本项目为实际操作题，考核过程按评分标准及操作过程进行评分。

（4）考评技能说明：本项目主要测试考生对丙烷压缩机巡检技能掌握的熟练程度。

5. 考核时限

（1）准备工作：1min（不计入考核时间）。

（2）正式操作时间：15min。

（3）提前完成操作不加分，到时终止操作考核。

6. 评分记录表

丙烷压缩机巡检操作评分记录表

操作时间：15min　　　　考生：　　　　操作用时：

序号	考核内容	操作规程	评分要素	评分标准	配分	扣分	得分
1	准备	1. 穿戴好劳动保护用品； 2. 准备工具：四合一气体检测仪、正压式呼吸器（硫化氢井站）、报表、笔、大布、绝缘手套	准备工具、量具、用具	1. 劳保穿戴不整齐扣5分； 2. 未准备工具扣5分，多、少一件扣1分； 3. 未检查四合一气体检测仪扣5分，少检查一项扣2分； 4. 未检查试电笔扣5分，少检查一项扣2分	5		
2	丙烷压缩机巡检检查	1. 口述：丙烷压缩机在运行过程中每1h巡检一次； 2. 检查丙烷压缩机吸气、排气压力及进、排气温度在铭牌规定范围内； 3. 检查压缩机流程，无“跑、冒、滴、漏”现象，各阀门的开关状态正常； 4. 检查电源和仪表风是否正常； 5. 检查压缩机润滑油油位是否正常； 6. 检查安全阀校验标签在有效期内，铅封是否完好，本体有无破损裂痕，根部阀全开并打铅封； 7. 检查温度计在有效期内，铅封是否完好，表壳有无破损裂痕，刻度是否清晰，指针有无松动现象； 8. 检查压力表在有效期内，铅封是否完好，表壳有无破损裂痕，刻度是否清晰，指针有无松动现象； 9. 检查压缩机出口	按照要求进行巡检	1. 未口述压缩机在运行时1h巡检一次扣2分； 2. 未用试电笔确定控制柜是否漏电，未戴绝缘手套进行控制柜送（断）电操作扣10分； 3. 未检查电源和仪表风，一处扣5分； 4. 未检查润滑油液位扣5分； 5. 未检查安全阀扣10分； 6. 未检查各温度计，一处扣3分； 7. 未检查各压力表，一处扣3分； 8. 未检查压缩机出口冷却器电机、皮带，一处扣5分； 9. 未检查PLC控制面板上报警信息扣5分； 10. 未检查各连接螺栓扣5分； 11. 未检查吸入罐液位扣5分； 12. 未检查缓冲罐液位扣5分	85		

续表

序号	考核内容	操作规程	评分要素	评分标准	配分	扣分	得分
2	丙烷压缩机巡检检查	空冷器声音是否有异响，空冷器皮带是否老化、脱皮； 10. 检查PLC控制面板有无报警信息存在； 11. 检查各链接螺栓有无松动； 12. 检查丙烷吸入罐液位不超过400mm； 13. 检查丙烷缓冲换液位不低于液位计量程的1/2					
3	填写报表	1. 记录参数，填写数据，字迹应正确、完整、清晰、无涂改； 2. 记录丙烷压缩机吸气、排气出口压力、温度； 3. 记录润滑油温度、油分离器温度、油压、油滤网压力	记录参数，填写数据	数据填错、漏填，一处扣3分	10		
4	安全文明操作	1. 遵守国家或企业有关安全规定； 2. 操作过程中严格遵守“四不伤害”原则	遵守国家或企业有关安全规定	1. 每违反一项规定，从总分中扣5分； 2. 因操作不当造成人身伤害，从总分中扣20分； 3. 严重违规取消考核； 4. 不正确使用工具、用具，扣分项在安全文明操作项内扣除，一次扣2分，最多扣20分			
备注							
合计					100		

考评员： 核分员： 年 月 日

7. 报表

丙烷压缩机报表

丙烷缓冲罐液位/m	丙烷吸入罐液位/m	压缩机吸气温度/℃	压缩机排气温度/℃	压缩机吸气压力/MPa	压缩机排气压力/MPa	润滑油温度℃	油滤网压力/MPa	循环水进油冷却器温度/℃	循环水出油冷却器温度/℃

备注：

记录人：　　　　　　　　　　　　　　　　　　　　记录时间：　　年　　月　　日

四、空气压缩机巡检操作

1. 考核要求

（1）必须穿戴劳动保护用品。

（2）工具、量具、用具准备齐全，正确使用。

（3）操作规程符合安全文明操作。

（4）按规定完成操作项目，质量达到技术要求。

（5）操作完毕，做到"工完、料净、场地清"。

2. 准备要求

（1）设备准备：

序 号	名 称	规 格	数 量	备 注
1	空气压缩机		1台	

（2）材料准备：

序 号	名 称	规 格	数 量	备 注
1	大布		若干	
2	手套		若干	
3	报表		若干	
4	笔		1支	

（3）工具、用具准备：

序 号	名 称	规 格	数 量	备 注
1	四合一气体检测仪		1台	
2	耳塞		1副	
3	正压式呼吸器		1具	
4	试电笔		1支	

3. 操作程序说明

1）检查工具、用具、量具

（1）检查各工具、用具、量具的可用性，须符合本次操作使用要求。

（2）检查四合一气体检测仪有合格整、校验标签、在有效期内，归零检测。

（3）检查试电笔有合格证书、校验标签在有效期内，外观完好无破损、无受潮或进水。

2）空气压缩机巡检

（1）口述：空气压缩机在运行过程中每 1h 巡检一次。

（2）检查空气压缩机排气温度和排气压力在铭牌规定范围内。

（3）检查空气压缩机流程、无漏气现象，各阀门的开关状态正常。

（4）检查静电接地是否完好。

（5）检查空气压缩机润滑油油位是否正常。

（6）检查安全阀校验标签在有效期内，铅封是否完好，本体有无破损裂痕，根部阀全开并打铅封。

（7）检查压力表在有效期内，量程在 1/3～2/3 之间，铅封是否完好，表壳有无破损裂痕，刻度是否清晰，指针有无松动现象。

（8）检查 PLC 控制柜上是否存在有报警。

（9）检查电机皮带传动有无异响、无焦糊味。

（10）检查空压机进风口滤网干净完整。

3）填写报表

（1）记录参数，填写数据，字迹应正确、完整、清晰、无涂改。

（2）记录空气压缩机排气压力、温度。

4. 考核规定说明

（1）如发现操作过程中可能发生重大违章(如人身伤害、环境污染、设备损坏等)，将终止操作。

（2）考核采用百分制，考核项目得分按鉴定比重进行折算。

（3）考核方式说明：本项目为实际操作题，考核过程按评分标准及操作过程进行评分。

（4）考评技能说明：本项目主要测试考生对空气缩机巡检技能掌握的熟练程度。

5. 考核时限

（1）准备工作：1min（不计入考核时间）。

（2）正式操作时间：15min。

（3）提前完成操作不加分，到时终止操作考核。

6. 评分记录表

空气压缩机巡检操作评分记录表

操作时间：15min　　考生：　　操作用时：

序号	考核内容	操作规程	评分要素	评分标准	配分	扣分	得分
1	准备	1. 穿戴好劳动保护用品； 2. 准备工具：四合一气体检测仪、正压式呼吸器（硫化氢井站）、报表、笔、大布、绝缘手套	准备工具、量具、用具	1. 劳保穿戴不整齐扣 5 分； 2. 未准备工具扣 5 分，多、少一件扣 1 分 3. 未检查四合一气体检测仪扣 5 分，少检查一项扣 2 分； 4. 未检查试电笔扣 5 分，少检查一项扣 2 分	10		

续表

序号	考核内容	操作规程	评分要素	评分标准	配分	扣分	得分
2	空气缩机巡检检查	1. 口述：空气压缩机在运行过程中每 1h 巡检一次； 2. 检查空气压缩机排气压力和排气温度在铭牌规定范围内； 3. 检查压缩机流程、无漏气现象，各阀门的开关状态正常； 4. 检查压缩机润滑油油位是否正常（液位在 1/2~2/3 之间）； 5. 检查压力表在有效期内，量程在 1/3~2/3 之间，铅封完好，表壳无破损裂痕，刻度清晰，指针无松动现象； 6. 检查远传仪表完好；检查 PLC 控制面板上无报警信息； 7. 检查静电接地是否完好	按照要求进行巡检	1. 未口述压缩机在运行过程中 1h 巡检一次扣 10 分； 2. 未检查排气压力和温度，一处扣 10 分； 3. 未检查流程扣 10 分，未确认阀门开关状态，一处扣 5 分； 4. 未检查润滑油液位扣 10 分； 5. 未检查压力表扣 10 分； 6. 未检查远传仪表扣 5 分，未检查 PLC 控制面板上报警信息扣 10 分； 7. 未检查静电接地扣 5 分	80		
3	填写报表	1. 记录参数，填写数据，字迹应正确、完整、清晰、无涂改； 2. 记录空气压缩机排气出口压力、温度	记录参数，填写数据	1. 字迹不清晰，一处扣 1 分； 2. 涂改一处扣 1 分； 3. 漏填、少填，一处扣 2 分	10		
4	安全文明操作	1. 遵守国家或企业有关安全规定； 2. 操作过程中严格遵守“四不伤害”原则	遵守国家或企业有关安全规定	1. 每违反一项规定，从总分中扣 5 分； 2. 因操作不当造成人身伤害，从总分中扣 20 分； 3. 严重违规取消考核； 4. 不正确使用工具、用具，扣分项在安全文明操作项内扣除，一次扣 2 分，最多扣 20 分			
备注							
合计					100		

考评员：　　　　　　　　核分员：　　　　　　　　年　月　日

7. 报表

空气压缩机报表

空压机出口压力/MPa	空压机排气温度/℃	空压机出口缓冲罐压力/MPa	仪表风储罐压力/MPa	仪表风管网压力/MPa

备注：

记录人：　　　　　　　　　　　　　　　　　　　　　记录时间：　　年　　月　　日

五、分子筛干燥塔巡检操作

1. 考核要求

（1）必须穿戴劳动保护用品。
（2）工具、量具、用具准备齐全，正确使用。
（3）操作规程符合安全文明操作。
（4）按规定完成操作项目，质量达到技术要求。
（5）操作完毕，做到“工完、料净、场地清”。

2. 准备要求

（1）设备准备：

序　号	名　称	规　格	数　量	备　注
1	分子筛干燥塔		1台	

（2）材料准备：

序　号	名　称	规　格	数　量	备　注
1	大布		若干	
2	手套		若干	
3	报表		若干	
4	笔		1支	

（3）工具、用具准备：

序　号	名　称	规　格	数　量	备　注
1	四合一气体检测仪		1台	
2	正压式呼吸器		1具	
3	在线水露点检测仪		1台	

3. 操作程序说明

1）检查工具、用具、量具
检查各工具、用具及量具的可用性，须符合本次操作使用要求。
2）检查干燥塔流程
（1）干燥塔运行过程中每2h进行一次巡检。

（2）检查干燥塔流程，无"跑、冒、滴、漏"现象，各阀门的开关状态正常。

（3）检查干燥塔本体、进出口压力、温度，在铭牌规定范围内。

（4）检查安全阀连接应无"跑、冒、滴、漏"现象。

（5）检查安全阀校验标签在有效期内，铅封是否完好，本体有无破损裂痕，根部阀全开并打铅封。

（6）检查温度表在有效期内，表壳有无破损裂痕，刻度是否清晰，指针有无松动现象。

（7）检查压力表在有效期内，量程在 1/3～2/3 之间，铅封是否完好，表壳有无破损裂痕，刻度是否清晰，指针有无松动现象。

（8）检查干燥塔水露点符合要求。

（9）检查干燥塔及进出口管线保温是否完好，是否有防止烫伤警示牌。

3）填写报表

（1）记录参数，填写数据，字迹应正确、完整、清晰、无涂改。

（2）记录干燥塔进出口压力、温度。

（3）记录干燥塔工作状态（包括：再生、冷吹、吸附）。

4. 考核规定说明

（1）如发现操作过程中可能发生重大违章（如人身伤害、环境污染、设备损坏等），将取消操作。

（2）考核采用百分制，考核项目得分按鉴定比重进行折算。

（3）考核方式说明：本项目为实际操作题，考核过程按评分标准及操作过程进行评分。

（4）考评技能说明：本项目主要测试考生对分子筛干燥塔巡检技能掌握的熟练程度。

5. 考核时限

（1）准备工作：1min（不计入考核时间）。

（2）正式操作时间：10min。

（3）提前完成操作不加分，到时终止操作考核。

6. 评分记录表

分子筛干燥塔巡检操作评分记录表

操作时间：15min　　考生：　　操作用时：

序号	考核内容	操作规程	评分要素	评分标准	配分	扣分	得分
1	准备	1. 穿戴好劳动保护用品； 2. 准备工具：四合一气体检测仪、正压式呼吸器、报表、笔、大布、手套	准备工具、量具、用具	1. 劳保穿戴不整齐扣 5 分； 2. 未准备工具扣 5 分，多、少一件扣 1 分	5		

续表

序号	考核内容	操作规程	评分要素	评分标准	配分	扣分	得分
2	检查干燥塔流程	1. 口述：干燥塔正常运行过程中每 2h 进行一次巡检； 2. 流程无“跑、冒、滴、漏”现象； 3. 检查阀门开关状态； 4. 检查干燥塔进出口压力、温度，在铭牌规定范围内； 5. 检查安全阀校验铭牌在有效期内，铅封是否完好，本体有无破损裂痕；根部阀全开并打铅封； 6. 检查温度计在有效期内，铅封是否完好，表壳有无破损裂痕，刻度是否清晰，指针有无松动现象； 7. 检查压力表在有效期内，量程在 1/3~2/3 之间；铅封是否完好，表壳有无破损裂痕，刻度是否清晰，指针有无松动现象； 8. 检查干燥塔水露点符合要求； 9. 检查干燥塔及进出口管线保温是否完好，是否有防止烫伤提示牌(告知牌)	按照要求进行巡检	1. 未口述扣 2 分； 2. 未检查流程无“跑、冒、滴、漏”，一处扣 3 分； 3. 未检查阀门开关状态，一处扣 5 分； 4. 未检查干燥塔壳体、进出口压力、温度，一处扣 5 分； 5. 未检查干燥塔安全阀，一处扣 2 分； 6. 未检查温度计，一处扣 2 分； 7. 未检查压力表，一处扣 2 分； 8. 未检查水露点扣 5 分； 9. 未检查干燥塔及管线保温，一处扣 2 分	75		
3	填写报表	1. 记录进出口管线压力； 2. 记录进出口管线温度； 3. 记录干燥塔运行状态； 4. 压力、温度读值方法(三点一线)； 5. 压力、温度读值应在误差范围内	按照要求填写报表	1. 不记录压力、温度、运行状态，一处扣 5 分； 2. 压力、温度读值方法不正确，一次扣 2 分； 3. 运行状态、压力、温度数值填错，一处扣 2 分	20		

续表

序号	考核内容	操作规程	评分要素	评分标准	配分	扣分	得分
4	安全文明操作	1. 遵守国家或企业有关安全规定； 2. 操作过程中严格遵守“四不伤害”原则	遵守国家或企业有关安全规定	1. 每违反一项规定，从总分中扣5分； 2. 严重违规取消考核； 3. 不检查干燥塔液位、安全阀终止操作； 4. 因操作不当造成人身伤害，从总分中扣20分； 5. 不正确使用工具、用具，扣分项在安全文明操作项内扣除，一次扣2分，最多扣20分			
备注							
合　计					100		

考评员：　　　　核分员：　　　　年　月　日

六、粉尘过滤器巡检操作

1. 考核要求

(1) 必须穿戴劳动保护用品。
(2) 工具、量具、用具准备齐全，正确使用。
(3) 操作规程符合安全文明操作。
(4) 按规定完成操作项目，质量达到技术要求。
(5) 操作完毕，做到“工完、料净、场地清”。

2. 准备要求

(1) 设备准备：

序号	名称	规格	数量	备注
1	粉尘过滤器		1台	

(2) 材料准备：

序号	名称	规格	数量	备注
1	大布		若干	
2	手套		若干	
3	报表		若干	
4	笔		1支	

(3) 工具、用具准备：

序号	名称	规格	数量	备注
1	四合一气体检测仪		1台	
2	正压式呼吸器		1具	

3. 操作程序说明

1) 检查工具、用具、量具
检查各工具、用具、量具的可用性，须符合本次操作使用要求。

2）检查粉尘过滤器流程

（1）粉尘过滤器运行过程中每 2h 进行一次巡检。

（2）检查粉尘过滤器流程，无“跑、冒、滴、漏”现象，各阀门的开关状态正常。

（3）检查粉尘过滤器壳体、进出口压力、温度，在粉尘过滤器铭牌规定范围内。

（4）检查粉尘过滤器安全阀连接应无“跑、冒、滴、漏”现象。

（5）检查安全阀校验铭牌在有效期内，铅封是否完好，本体有无破损裂痕，根部阀全开，并打铅封。

（6）检查温度计在有效期内，表壳有无破损裂痕，刻度是否清晰，指针有无松动。

（7）检查压力表在有效期内，量程在 1/3～2/3 之间，铅封是否完好，表壳有无破损裂痕，刻度是否清晰，指针有无松动。

3）填写报表

（1）记录参数，填写数据，字迹应正确、完整、清晰、无涂改。

（2）记录粉尘过滤器进出口压力、温度。

4. 考核规定说明

（1）如发现操作过程中可能发生重大违章（如人身伤害、环境污染、设备损坏等），将终止操作。

（2）考核采用百分制，考核项目得分按鉴定比重进行折算。

（3）考核方式说明：本项目为实际操作题，考核过程按评分标准及操作过程进行评分。

（4）考评技能说明：本项目主要测试考生对粉尘过滤器巡检技能掌握的熟练程度。

5. 考核时限

（1）准备工作：1min（不计入考核时间）。

（2）正式操作时间：10min。

（3）提前完成操作不加分，到时终止操作考核。

6. 评分记录表

粉尘过滤器巡检操作评分记录表

操作时间：10min　　考生：　　操作用时：

序号	考核内容	操作规程	评分要素	评分标准	配分	扣分	得分
1	准备	1. 穿戴好劳动保护用品； 2. 准备工具：四合一气体检测仪、正压式呼吸器、报表、笔、大布、手套	准备工具、量具、用具	1. 劳保穿戴不整齐扣 5 分； 2. 未准备工具扣 5 分，多、少一件扣 1 分	5		

续表

序号	考核内容	操作规程	评分要素	评分标准	配分	扣分	得分
2	检查粉尘过滤器流程	1. 口述：粉尘过滤器正常运行过程中每2h进行一次巡检； 2. 流程无“跑、冒、滴、漏”现象； 3. 检查阀门开关状态； 4. 粉尘过滤器壳体、进出口压力、温度在粉尘过滤器铭牌规定范围内；压差在允许范围之内； 5. 检查粉尘过滤器安全阀连接“跑、冒、滴、漏”，检查安全阀校验铭牌在有效期内，铅封完好，本体有无破损、裂痕，根部阀全开并打铅封； 6. 检查压力表在有效期内，量程在1/3~2/3之间；铅封完好，表壳无破损裂痕，刻度清晰，指针无松动； 7. 检查温度表在有效期内，量程在1/3~2/3之间；表壳外观完好，刻度清晰，指针无松动	按照要求进行巡检	1. 未口述扣5分； 2. 未检查流程无“跑、冒、滴、漏”，一处扣5分； 3. 未检查阀门开关状态，一处扣5分； 4. 未检查压力、温度，一处扣5分；未检查压差是否在允许范围之内扣15分； 5. 未检查粉尘过滤器安全阀，一处扣3分； 6. 未检查压力表，一处扣3分； 7. 未检查温度表，一处扣3分	75		
3	填写报表	1. 记录进出口管线压力； 2. 正确读取压力、温度值(三点一线)； 3. 差压值在规定范围内	记录参数，填写数据，字迹应正确、完整、清晰、无涂改	1. 不记录压力、温度、液位数值，一处扣5分； 2. 压力读值方法不正确，一次扣5分； 3. 压力数值填错，一处扣5分； 4. 不知道差压范围扣10分	20		

续表

序号	考核内容	操作规程	评分要素	评分标准	配分	扣分	得分
4	安全文明操作	1. 遵守国家或企业有关安全规定； 2. 操作过程中严格遵守“四不伤害”原则	遵守国家或企业有关安全规定	1. 每违反一项规定，从总分中扣5分； 2. 因操作不当造成人身伤害，从总分中扣20分； 3. 严重违规取消考核； 4. 不检查安全阀终止操作； 5. 不正确使用工具、用具，扣分项在安全文明操作项内扣除，一次扣2分，最多扣20分			
备注							
合　计					100		

考评员：　　　　核分员：　　　　年　月　日

七、MDEA 吸收塔巡检操作

1. 考核要求

(1) 必须穿戴劳动保护用品。
(2) 工具、量具、用具、安全仪表、安全设备准备齐全，正确使用。
(3) 操作规程符合安全文明操作。
(4) 按规定完成操作项目，质量达到技术要求。
(5) 操作完毕，做到“工完、料净、场地清”。

2. 准备要求

(1) 设备准备：

序 号	名 称	规 格	数 量	备 注
1	MDEA 吸收塔		1 座	

(2) 材料准备：

序 号	名 称	规 格	数 量	备 注
1	手套		1 双	
2	笔		1 支	
3	报表		若干	
4	大布		若干	

(3) 工具、用具准备：

序 号	名 称	规 格	数 量	备 注
1	F 扳手		2 把	
2	活动扳手	250mm	1 把	

(4) 气防设施：

序 号	名 称	规 格	数 量	备 注
1	硫化氢检测仪		1 个	
2	正压式空气呼吸器		1 套	

3. 操作程序说明

1）检查工具、用具、量具

（1）检查各工具、用具及量具的可用性，须符合本次操作使用要求。

（2）进站场前观察风向，对现场进行有毒有害气体检测。

2）MDEA 吸收塔巡检

（1）MDEA 吸收塔运行过程中每 2h 进行一次巡检。

（2）检查 MDEA 吸收塔流程，无“跑、冒、滴、漏”现象，各阀门的开关状态正常。

（3）检查 MDEA 吸收塔壳体保温材料无破损、人孔无泄漏。

（4）检查 MDEA 吸收塔安全阀校验铭牌在有效期内，铅封是否完好，本体有无破损裂痕，根部阀全开，并打铅封。

（5）检查 MDEA 吸收塔塔顶工作压力、温度，在规定范围内；观察压力变化，根据生产调整。

（6）检查 MDEA 吸收塔塔底工作压力、液位、温度，在规定范围内；观察压力、温度变化，根据生产调整。

（7）检查温度计在有效期内，表壳有无破损裂痕，刻度是否清晰，指针有无松动。

（8）检查压力表在有效期内，量程在 1/3～2/3 之间，铅封是否完好，表壳有无破损裂痕，刻度是否清晰，指针有无松动。

（9）检查气动控制调节阀仪表风压力正常，无泄漏、无异常声音，各连接处牢固无松动。

（10）压力变送器、温度变送器在有效期内，数据显示正常，与现场比对误差范围处于合理范围内，各连接处无松动，线缆保护套无破损。

3）填写报表

（1）记录参数，填写数据，字迹应正确、完整、清晰、无涂改。

（2）记录 MDEA 吸收塔塔顶压力、温度，塔底压力、温度、液位。

4）清理场地

收拾工具，清理现场卫生，填写相关记录。

4. 考核规定说明

（1）如发现操作过程中可能发生重大违章（如人身伤害、环境污染、设备损坏等），将终止操作。

（2）考核采用百分制，考核项目得分按鉴定比重进行折算。

（3）考核方式说明：本项目为实际操作题，考核过程按评分标准及操作过程进行评分。

（4）考评技能说明：本项目主要测试考生对 MDEA 吸收塔巡检技能掌握的熟练程度。

5. 考核时限

（1）准备工作：1min（不计入考核时间）。

（2）正式操作时间：15min。

（3）提前完成操作不加分，到时停止操作考核。

6. 评分记录表

MDEA 吸收塔巡检操作评分记录表

操作时间：15min　　考生：　　操作用时：

序号	考核内容	操作规程	评分要素	评分标准	配分	扣分	得分
1	准备	1. 穿戴好劳动保护用品； 2. 准备工具：手套、笔、报表、大布、F 扳手、活动扳手	准备好工具、量具、用具	1. 劳保穿戴不整齐扣 5 分； 2. 未准备工具及材料扣 5 分，多、少准备一件扣 2 分	5		
2	检查	1. 准备好工具、量具、用具； 2. 进井场前观察风向，对现场进行有毒有害气体检测	安全防护，巡检前检查	1. 进站场前未观察风向扣 2 分； 2. 未对现场进行有毒有害气体检测扣 3 分	5		
3	MDEA 吸收塔巡检	1. MDEA 吸收塔运行过程中每 2h 进行一次巡检； 2. 检查 MDEA 吸收塔流程，无“跑、冒、滴、漏”现象，各阀门的开关状态正常； 3. 检查 MDEA 吸收塔壳体保温材料无破损、人孔无泄漏； 4. 检查 MDEA 吸收塔安全阀连接应无“跑、冒、滴、漏”现象； 5. 检查 MDEA 吸收塔安全阀校验铭牌在有效期内，铅封是否完好，本体有无破损裂痕，根部阀全开，并打铅封； 6. 检查 MDEA 吸收塔塔顶工作压力、温度，在规定范围内；观察压力变化，根据生产调整； 7. 检查 MDEA 吸收塔塔底工作压力、温	根据操作步骤操作	1. 未口述 MDEA 吸收塔运行过程中每 2h 进行一次巡检扣 2 分； 2. 未检查 MDEA 吸收塔流程，无“跑、冒、滴、漏”现象，各阀门的开关状态正常，一处扣 2 分； 3. 未检查 MDEA 吸收塔壳体保温材料无破损、人孔无泄漏，一处扣 2 分； 4. 未检查 MDEA 吸收塔安全阀连接应无“跑、冒、滴、漏”现象，一处扣 2 分； 5. 未按要求检查 MDEA 吸收塔安全阀，一处扣 2 分； 6. 未检查 MDEA 吸收塔塔顶工作压力、温度，在规定范围内，观察压力变化，根据生产调整，一处扣 10 分； 7. 未检查 MDEA 吸收塔塔底工作压力、温度，在规定范围内，观察压力变化，根据生产调整，一处扣 10 分； 8. 未根据生产调整液位扣 10 分； 9. 未按要求检查温度计，一处扣 2 分； 10. 未按要求检查压力表，一处扣 2 分；	80		

续表

序号	考核内容	操作规程	评分要素	评分标准	配分	扣分	得分
3	MDEA 吸收塔巡检	度，在规定范围内；观察压力变化，根据生产调整； 8. 检查 MDEA 吸收塔液位在规定范围内；观察液位变化，根据生产调整； 9. 检查温度计在有效期内，表壳有无破损裂痕，刻度是否清晰，指针有无松动； 10. 检查压力表在有效期内，量程在 1/3～2/3 之间，铅封是否完好，表壳有无破损裂痕，刻度是否清晰，指针有无松动； 11. 检查气动控制调节阀仪表风压力正常，无泄漏、无异常声音，各连接处牢固无松动； 12. 压力变送器、温度变送器数据显示正常，与现场比对误差范围处于合理范围内，各连接处无松动，线缆保护套无破损		11. 未按要求检查气动控制调节阀，一处扣 2 分； 12. 未按要求检查压力变送器、温度变送器，一处扣 2 分，未检查线缆保护套扣 2 分			
4	填写记录清理场地	1. 填写报表； 2. 清洁现场，收拾工具	规范填写报表及记录	1. 少填写一项扣 2 分； 2. 未清理现场扣 5 分，工具少收或少清洁一件扣 2 分	10		
5	安全文明操作	1. 遵守国家或企业有关安全规定； 2. 操作过程中严格遵守“四不伤害”原则	遵守国家或企业有关安全规定	1. 每违反一项规定，从总分中扣 5 分； 2. 因操作不当造成人身伤害，从总分中扣 20 分； 3. 严重违规取消考核			
备注							
合计					100		

考评员：　　　　核分员：　　　　年　月　日

八、MDEA 再生塔巡检操作

1. 考核要求

（1）必须穿戴劳动保护用品。

（2）工具、量具、用具、安全仪表、安全设备准备齐全，正确使用。

（3）操作规程符合安全文明操作。

（4）按规定完成操作项目，质量达到技术要求。

（5）操作完毕，做到“工完、料净、场地清”。

2. 准备要求

（1）设备准备：

序 号	名 称	规 格	数 量	备 注
1	MDEA 再生塔		1 套	

（2）材料准备：

序 号	名 称	规 格	数 量	备 注
1	手套		1 副	
2	笔		1 支	
3	报表		若干	
4	大布		若干	

（3）工具、用具准备：

序 号	名 称	规 格	数 量	备 注
1	F 扳手		1 把	
2	活动扳手	250mm	1 把	

（4）气防设施：

序 号	名 称	规 格	数 量	备 注
1	硫化氢检测仪		1 个	
2	正压式空气呼吸器		1 套	

3. 操作程序说明

1）检查工具、用具、量具

（1）检查各工具、用具及量具的可用性，须符合本次操作使用要求。

（2）进井场前观察风向，对现场进行有毒有害气体检测。

2）MDEA 再生塔巡检

（1）MDEA 再生塔运行过程中每 2h 进行一次巡检。

（2）检查 MDEA 再生塔流程，无“跑、冒、滴、漏”现象，各阀门的开关状态正常。

（3）检查 MDEA 再生塔壳体保温材料无破损、人孔无泄漏。

（4）检查 MDEA 再生塔安全阀连接应无“跑、冒、滴、漏”现象。

（5）检查 MDEA 再生塔安全阀校验铭牌在有效期内，铅封是否完好，本体有无破损裂痕，根部阀全开，并打铅封。

（6）检查 MDEA 再生塔塔顶压力、温度在，观察压力变化，根据生产调整回流量。

（7）检查 MDEA 再生塔塔底压力、温度在规定范围内；观察压力变化，根据生产调整重沸器导热油流量。

（8）检查温度计在有效期内，表壳有无破损裂痕，刻度是否清晰，指针有无松动。

（9）检查压力表在有效期内，量程在 1/3～2/3 之间，铅封是否完好，表壳有无破损裂痕，刻度是否清晰，指针有无松动。

（10）检查气动控制调节阀仪表风压力正常，无泄漏、无异常声音，各连接处牢固无松动。

（11）压力变送器、温度变送器数据显示正常，与现场比对误差范围处于合理范围内，各连接处无松动，线缆保护套无破损。

3）填写报表

（1）记录参数，填写数据，字迹应正确、完整、清晰、无涂改。

（2）记录 MDEA 再生塔塔顶压力、温度，塔底压力、温度。

4. 考核规定说明

（1）如发现操作过程中可能发生重大违章（如人身伤害、环境污染、设备损坏等），将终止操作。

（2）考核采用百分制，考核项目得分按鉴定比重进行折算。

（3）考核方式说明：本项目为实际操作题，考核过程按评分标准及操作过程进行评分。

（4）考评技能说明：本项目主要测试考生 MDEA 再生塔巡检技能掌握的熟练程度。

5. 考核时限

（1）准备工作：1min（不计入考核时间）。

（2）正式操作时间：15min。

（3）提前完成操作不加分，到时停止操作考核。

6. 评分记录表

MDEA 再生塔巡检操作评分记录表

操作时间：15min　　考生：　　操作用时：

序号	考核内容	操作规程	评分要素	评分标准	配分	扣分	得分
1	准备	1. 穿戴好劳动保护用品； 2. 准备工具：手套、笔、报表、大布、F扳手、活动扳手	准备好工具、量具、用具	1. 劳保穿戴不整齐扣5分；2. 未准备工具及材料扣5分，多、少准备一件扣2分	5		
2	检查	1. 检查工具、用具； 2. 进井场前观察风向，对现场进行有毒有害气体检测	工具检查、环境检测	1. 未检查工具、用具扣2分； 2. 进井场前未观察风向扣2分；未对现场进行有毒有害气体检测扣3分	5		
3	MDEA再生塔巡检	1. 口述：MDEA再生塔运行过程中每2h进行一次巡检； 2. 检查MDEA再生塔流程，无“跑、冒、滴、漏”现象，各阀门的开关状态正常； 3. 检查MDEA再生塔壳体保温材料无破损、人孔无泄漏； 4. 检查MDEA再生塔安全阀校验铭牌在有效期内，铅封是否完好，本体有无破损裂痕，根部阀全开，并打铅封； 5. 检查MDEA再生塔塔顶压力、温度，观察压力变化，根据生产调整回流情况； 6. 检查MDEA再生塔塔底压力、温度在规定范围内； 7. 检查温度计在有效期内，表壳有无破损裂痕，刻度是否清晰，指针有无松动；	根据操作步骤操作	1. 未口述扣2分； 2. 未检查MDEA再生塔流程，一处扣10分； 3. 未按要求检查MDEA再生塔壳体保温材料、人孔，一处扣5分； 4. 未按要求检查MDEA再生塔安全阀，一处扣2分； 5. 未按要求检查MDEA再生塔塔顶压力、温度，一处扣10分； 6. 未按要求检查MDEA再生塔塔低压力、温度，一处扣10分； 7. 未按要求检查温度计，一处扣2分； 8. 为按要求检查压力表，一处扣2分； 9. 未按要求检查气动控制调节阀，一处扣2分； 10. 未按要求检查压力变送器、温度变送，一处扣2分	80		

续表

序号	考核内容	操作规程	评分要素	评分标准	配分	扣分	得分
3	MDEA再生塔巡检	8. 检查压力表在有效期内，量程在1/3~2/3之间，铅封是否完好，表壳有无破损裂痕，刻度是否清晰，指针有无松动； 9. 检查气动控制调节阀仪表风压力正常，无泄漏、无异常声音，各接点连接牢固无松动； 10. 压力变送器、温度变送器数据显示正常，与现场比对误差范围处于合理范围内，各连接处无松动，线缆保护套无破损					
4	填写记录，清理场地	1. 填写报表； 2. 清洁现场，收拾工具	回收工具、填写报表	1. 少填写一项扣2分； 2. 未清理现场扣5分，工具少收或少清洁一件扣2分	10		
5	安全文明操作	1. 遵守国家或企业有关安全规定； 2. 操作过程中严格遵守“四不伤害”原则	遵守国家或企业有关安全规定	1. 每违反一项规定，从总分中扣5分； 2. 因操作不当造成人身伤害，从总分中扣20分； 3. 严重违规取消考核			
备注							
合　计					100		

考评员：　　核分员：　　年　月　日

九、分离器巡检操作

1. 考核要求

（1）必须穿戴劳动保护用品。
（2）工具、量具、用具准备齐全，正确使用。
（3）操作规程符合安全文明操作。
（4）按规定完成操作项目，质量达到技术要求。
（5）操作完毕，做到“工完、料净、场地清”。

2. 准备要求

（1）设备准备：

序　号	名　称	规　格	数　量	备　注
1	分离器（两相）		1台	

（2）材料准备：

序　号	名　称	规　格	数　量	备　注
1	大布		若干	
2	手套		若干	
3	报表		1张	
4	笔		1支	

（3）工具、用具准备：

序　号	名　称	规　格	数　量	备　注
1	四合一气体检测仪		1台	
2	正压式空气呼吸器		1具	
3	F扳手		1把	

3. 操作程序说明

1）检查工具、用具、量具
检查各工具、用具及量具的可用性，须符合本次操作使用要求。

2）检查分离器流程

（1）分离器运行过程中每 2h 进行一次巡检。

（2）检查分离器流程，无“跑、冒、滴、漏”现象，各阀门的开关状态正常。

（3）检查分离器本体、进出口压力、温度，在铭牌规定范围内。

（4）检查分离器安全阀校验铭牌在有效期内，铅封是否完好，本体有无破损裂痕，根部阀全开，并打铅封。

（5）检查温度计在有效期内，表壳有无破损裂痕，刻度是否清晰，指针有无松动。

（6）检查压力表在有效期内，量程在 1/3～2/3 之间，铅封是否完好，表壳有无破损裂痕，刻度是否清晰，指针有无松动。

（7）分离器液位在液位计的 1/2～2/3 之间；确认液位计通畅，排污阀完好。

（8）口述：在冬季生产时，检查加热系统工作正常。

3）填写报表

（1）记录参数，填写数据，字迹应正确、完整、清晰、无涂改。

（2）记录分离器进出口压力、温度。

（3）记录分离器液位。

4. 考核规定说明

（1）如发现操作过程中可能发生重大违章（如人身伤害、环境污染、设备损坏等），将取消操作。

（2）考核采用百分制，考核项目得分按鉴定比重进行折算。

（3）考核方式说明：本项目为实际操作题，考核过程按评分标准及操作过程进行评分。

（4）考评技能说明：本项目主要测试考生对分离器巡检技能掌握的熟练程度。

5. 考核时限

（1）准备工作：1min（不计入考核时间）。

（2）正式操作时间：10min。

（3）提前完成操作不加分，到时终止操作考核。

6. 评分记录表

分离器巡检操作评分记录表

操作时间：10min　　考生：　　操作用时：

序号	考核内容	操作规程	评分要素	评分标准	配分	扣分	得分
1	准备	1. 穿戴好劳动保护用品； 2. 准备工具：四合一气体检测仪、正压式呼吸器、报表、笔、大布、手套、F 扳手	准备工具、量具、用具	1. 劳保穿戴不整齐扣 5 分； 2. 未准备工具扣 5 分，多、少一件扣 1 分	5		

续表

序号	考核内容	操作规程	评分要素	评分标准	配分	扣分	得分
2	检查分离器流程	1. 口述：分离器正常运行过程中每2h进行一次巡检； 2. 流程无“跑、冒、滴、漏”现象； 3. 检查阀门开关状态； 4. 检查分离器进出口压力、温度，在铭牌规定范围内； 5. 检查分离器安全阀校验铭牌在有效期内，铅封是否完好，本体有无破损裂痕，根部阀全开，并打铅封； 6. 检查温度计在有效期内，表壳有无破损裂痕，刻度是否清晰，指针有无松动； 7. 检查压力表在有效期内，量程在1/3～2/3之间，铅封是否完好，表壳有无破损裂痕，刻度是否清晰，指针有无松动； 8. 分离器液位在液位计的1/2～2/3之间，确认液位计通畅，排污阀完好； 9. 口述：在冬季生产时，检查加热系统工作正常	严格按照要求进行操作	1. 未口述分离正常运行巡检时间扣2分； 2. 未检查流程无“跑、冒、滴、漏”，一处扣3分； 3. 未检查阀门开关状态，一处扣5分； 4. 未检查分离器进出口压力、温度，一处扣5分； 5. 未检查分离器安全阀，一处扣3分； 6. 未检查温度计，一处扣3分； 7. 未检查压力表，一处扣3分； 8. 未检查分离器液位、排污阀，一处扣3分；未口述液位正常范围值扣5分； 9. 未口述冬季生产检查加热系统扣5分	75		
3	填写报表	1. 记录进出口管线压力、温度； 2. 记录分离器压力； 3. 记录分离器温度； 4. 记录分离器液位	规范填写报表及记录	1. 不记录压力、温度、液位数值，一处扣5分； 2. 压力、温度读值方法不正确，一次扣2分； 3. 压力、温度、液位数值填错，一处扣2分	15		

续表

序号	考核内容	操作规程	评分要素	评分标准	配分	扣分	得分
4	清理场地	清洁现场，收拾工具	清洁现场，收拾工具	1. 未清理现场扣5分； 2. 工具少收一件扣2分	5		
5	安全文明操作	1. 遵守国家或企业有关安全规定； 2. 操作过程中严格遵守“四不伤害”原则	遵守国家或企业有关安全规定	1. 每违反一项规定，从总分中扣5分； 2. 严重违规取消考核； 3. 不检查分离器液位、安全阀终止操作； 4. 因操作不当造成人身伤害，从总分中扣20分； 5. 不正确使用工具、用具，扣分项在安全文明操作项内扣除，一次扣2分，最多扣20分			
备注							
合计					100		

考评员：　　　　核分员：　　　　年　月　日

十、球罐巡检操作

1. 考核要求

(1) 必须穿戴劳动保护用品。
(2) 工具、量具、用具准备齐全，正确使用。
(3) 操作规程符合安全文明操作。
(4) 按规定完成操作项目，质量达到技术要求。
(5) 操作完毕，做到"工完、料净、场地清"。

2. 准备要求

(1) 设备准备：

序号	名称	规格	数量	备注
1	球罐		1套	

(2) 材料准备：

序号	名称	规格	数量	备注
1	大布		若干	
2	手套		若干	

(3) 工具、用具准备：

序号	名称	规格	数量	备注
1	活动扳手	375mm	1把	
2	对讲机		1部	
3	四合一检测仪		1台	

3. 操作程序说明

1) 检查工具、用具、量具
检查各工具、用具及量具的可用性，须符合本次操作使用要求。
2) 基础框架检查
正确检查球罐基础、框架结构是否完好。
3) 安全设施检查
(1) 正确检查球罐平台、护栏、爬梯是否完好。

(2) 确保各安全附件完好。

4) 罐体检查

(1) 确保各连接部位紧固。

(2) 熟知球罐运行状态，会录入运行参数。

5) 清理场地

清洁现场，处理污油水，收拾、清洁工具、用具。

4. 考核规定说明

(1) 如发现操作过程中可能发生重大违章(如人身伤害、环境污染、设备损坏等)，将终止操作。

(2) 考核采用百分制，考核项目得分按鉴定比重进行折算。

(3) 考核方式说明：本项目为实际操作题，考核过程按评分标准及操作过程进行评分。

(4) 测量技能说明：本项目主要测试考生对球罐巡检操作技能掌握的熟练程度。

5. 考核时限

(1) 准备工作：1min(不计入考核时间)。

(2) 正式操作时间：每项 10min。

(3) 提前完成操作不加分，到时终止操作考核。

6. 评分记录表

球罐巡检操作评分记录表

操作时间：10min　　考生：　　操作用时：

序号	考核内容	操作规程	评分要素	评分标准	配分	扣分	得分
1	准备及检查	1. 穿戴好劳动保护用品； 2. 准备工具：大布、手套、活动扳手、对讲机、四合一检测仪	准备并检查工具、量具、用具及材料	1. 劳保穿戴不整齐扣 5 分； 2. 未准备工具及材料扣 10 分，多、少准备一件扣 2 分； 3. 未检查四合一检测仪扣 10 分； 4. 未检查对讲机扣 5 分	15		
2	基础框架检查	1. 检查球罐基础无损坏、下陷； 2. 检查框架结构无损坏、腐蚀，防火涂料完好	正确检查基础、框架	1. 未正确检查出球罐基础损坏或下陷，一处扣 5 分； 2. 未正确检查出球罐框架结构损坏、腐蚀或防火涂料脱落，一处扣 5 分	25		
3	安全设施检查	1. 检查平台、护栏、爬梯无损坏、腐蚀； 2. 安全阀、液位计、压力表、温度计完好，定期校验	正确检查安全设施	1. 未正确检查出球罐平台、护栏、爬梯损坏或腐蚀，一处扣 5 分； 2. 未检查或检查安全附件，一处扣 5 分	25		

续表

序号	考核内容	操作规程	评分要素	评分标准	配分	扣分	得分
4	罐体检查	1. 设备、管线、阀门连接完好，无渗漏； 2. 球罐运行状态正确，记录运行参数	罐体、运行状态检查	1. 未检查设备、管线、阀门连接情况，一处扣2分； 2. 不清楚球罐运行状态，扣10分，录入参数少一处或错一处扣2分	30		
5	清理现场	收拾工具、用具，清洁现场	收拾工具，清洁场地	1. 未清理现场扣2分； 2. 工具少收一件扣2分	5		
6	安全文明操作	1. 遵守国家或企业有关安全规定； 2. 操作过程中严格遵守“四不伤害”原则	遵守国家或企业有关安全规定	1. 每违反一项规定，从总分中扣5分； 2. 因操作不当造成人身伤害，从总分中扣20分； 3. 严重违规取消考核； 4. 不正确使用工具、用具，扣分项在安全文明操作项内扣除，一次扣2分，最多扣20分			
备注							
合计					100		

考评员：　　　　核分员：　　　　年　月　日

十一、空冷器启停操作

1. 考核要求

(1) 必须穿戴劳动保护用品。

(2) 工具、用具准备齐全，正确使用。

(3) 操作规程符合安全文明操作。

(4) 按规定完成操作项目，质量达到技术要求。

(5) 操作完毕，做到“工完、料净、场地清”。

2. 准备要求

(1) 设备准备：

序　号	名　称	规　格	数　量	备　注
1	空冷器		1台	

(2) 材料准备：

序　号	名　称	规　格	数　量	备　注
1	手套		1副	
2	纸		1张	
3	笔		1支	

(3) 工具、用具准备：

序　号	名　称	规　格	数　量	备　注
1	F扳手		1把	
2	活动扳手	250mm	1把	
3	四合一气体检测仪		1台	
4	正压式呼吸器		1具	
5	标识牌	“运行”“备用”	2个	

3. 操作程序说明

1）检查工具、用具、量具

检查各工具、用具及量具的可用性，须符合本次操作使用要求。

2）启动前的检查

(1) 检查连接基础。

(2) 检查工艺流程。

(3) 检查电机。

(4) 检查传送带。

(5) 检查空冷器(叶片、百叶窗、管束、各连接部位)。

(6) 检查空冷器供电情况。

3）启动空冷器

(1) 打开空冷器出口阀门，打开空冷器进口阀门，打开百叶窗。

(2) 确认启动按钮，启动空冷器。

4）启动后的检查

(1) 检查空冷器运行状况(声音、震动、电流)。

(2) 给变频器设定合适的温度值。

(3) 调节百叶窗开度。

(4) 检查空冷器进出口温度在规定的范围内。

5）停运空冷器

(1) 按下停止按钮，挂停止标识牌。

(2) 关闭进出口阀门。

(3) 关闭百叶窗。

(4) 长期停运排净空冷器内的液体。

6）填写报表

(1) 记录参数，填写报表。

(2) 回收工具，清理现场。

4. 考核规定说明

(1) 如发现操作过程中可能发生重大违章(如人身伤害、环境污染、设备损坏等)，将取消操作。

(2) 考核采用百分制，考核项目得分按鉴定比重进行折算。

(3) 考核方式说明：本项目为实际操作题，考核过程按评分标准及操作过程进行评分。

(4) 考评技能说明：本项目主要测试考生对空冷器启停操作技能掌握的熟练程度。

5. 考核时限

(1) 准备工作：1min(不计入考核时间)。

(2) 正式操作时间：10min。

(3) 提前完成操作不加分，到时终止操作。

6. 评分记录表

空冷器启停操作评分记录表

操作时间：30min　　考生：　　操作用时：

序号	考核内容	操作规程	评分要素	评分标准	配分	扣分	得分
1	准备	1. 穿戴好劳动保护用品； 2. 准备工具：四合一气体检测仪、正压式呼吸器（硫化氢井站）、纸、笔、F 扳手、活动扳手、手套、标识牌	准备工具、量具、用具	1. 劳保穿戴不整齐扣 5 分； 2. 未准备工具扣 5 分，多、少一件扣 1 分	5		
2	启动前检查	1. 检查连接基础； 2. 检查工艺流程； 3. 检查电机； 4. 检查传送带； 5. 检查空冷器（叶片、百叶窗、管束、各连接部位）； 6. 检查空冷器供电情况	按照要求进行检查	1. 未检查一项扣 5 分； 2. 检查方法错误，一项扣 3 分	30		
3	启动空冷器	1. 打开空冷器出口阀门，打开空冷器进口阀门，打开百叶窗； 2. 确认启动按钮，启动空冷器	正确启动空冷器	1. 未打开进出口阀门扣 10 分，顺序错误扣 10 分，未打开百叶窗扣 5 分； 2. 未启动空冷器，该项及以下项不得分	20		
4	启后检查	1. 检查空冷器运行状况（声音、震动、电流）； 2. 给变频器设定合适的温度值； 3. 根据出口温度调节百叶窗开度； 4. 检查空冷器进出口温度在规定的范围内	按照要求进行检查	1. 未检查一项扣 5 分； 2. 不会根据温度调节百叶窗开度扣 5 分； 3. 变频器不会设定温度扣 10 分，设定错误扣 5 分； 4. 未检查进出口温度，一处扣 2 分	20		
5	停运空冷器	1. 按下停止按钮，挂停止标识牌； 2. 关闭进出口阀门； 3. 关闭百叶窗； 4. 长期停运排净空冷器内的液体	正确停运空冷器	1. 未停运空冷器，该项不得分，停运后未挂停止标识牌扣 5 分； 2. 未关闭进出口阀，一处扣 5 分； 3. 未关闭百叶窗扣 5 分； 4. 长期停运未排净空冷器内的液体扣 10 分	20		

续表

序号	考核内容	操作规程	评分要素	评分标准	配分	扣分	得分
6	填写报表	1. 回收工具，清理现场； 2. 记录参数，填写报表	回收工具、记录参数	1. 少记录一项扣1分，错误一处扣2分，未记录扣5分； 2. 未回收工具一件扣1分，未回收工具扣5分； 3. 未清理现场扣5分	5		
7	安全文明操作	1. 遵守国家或企业有关安全规定； 2. 操作过程中严格遵守“四不伤害”原则	遵守国家或企业有关安全规定	1. 每违反一项规定，从总分中扣5分； 2. 严重违规取消考核； 3. 因操作不当造成人身伤害，从总分中扣20分； 4. 工具、用具使用不当一次从总分中扣2分，最多扣20分			
备注							
合计					100		

考评员： 核分员： 年 月 日

十二、屏蔽泵启停操作

1. 考核要求

（1）必须穿戴劳动保护用品。

（2）工具、用具准备齐全，正确使用。

（3）操作规程符合安全文明操作。

（4）按规定完成操作项目，质量达到技术要求。

（5）操作完毕，做到“工完、料净、场地清”。

2. 准备要求

（1）设备准备：

序　号	名　称	规　格	数　量	备　注
1	屏蔽泵		1 台	

（2）材料准备：

序　号	名　称	规　格	数　量	备　注
1	手套		1 副	
2	报表		1 张	
3	笔		1 支	

（3）工具、量具、用具准备：

序　号	名　称	规　格	数　量	备　注
1	F 扳手		1 把	
2	四合一气体检测仪		1 台	
3	正压式呼吸器		1 具	
4	标识牌	“运行”“备用”	2 个	

3. 操作程序说明

1）检查工具、用具、量具

检查各工具、用具及量具的可用性，须符合本次操作使用要求。

2）启泵前检查

（1）检查地脚螺栓及连接部位紧固、无松动现象。

（2）检查电气设备、电源线和接地线是否完好。

（3）检查压力表等各种仪表是否齐全、准确，灵活好用，是否在有效使用期限内，打开压力表阀门。

（4）检查进出口阀门开关灵活。

（5）全开进口阀门，出口阀门处于全关状态。

（6）检查储液罐液位，打开泵出口管线放气阀，排尽泵内气体，关闭放气阀。

（7）检查欠流保护装置或轴向位移装置处于正常状态(有些泵有)。

3）启泵操作

（1）按下启动按钮。

（2）待压力稳定后，缓慢开启出口阀门。

（3）打开外循环或平衡管阀门(有些泵有)。

4）启泵后检查

（1）检查各连接部位无渗漏。

（2）运行声音正常。

（3）电流在规定的范围内。

（4）泵出口压力在规定范围内且压力表指针摆动不大。

（5）检查欠流保护装置或轴向位移装置处于正常状态(有些泵有)。

5）停泵操作

（1）关闭泵出口阀，按停止按钮。

（2）关闭外循环或平衡管阀门(有些泵有)。

（3）关闭泵进口阀门，排尽泵内液体。

（4）挂好停泵标识牌。

6）填写报表

（1）记录参数，填写报表。

（2）回收工具，清理现场。

4. 考核规定说明

（1）如发现操作过程中可能发生重大违章(如人身伤害、环境污染、设备损坏等)，将取消操作。

（2）考核采用百分制，考核项目得分按鉴定比重进行折算。

（3）考核方式说明：本项目为实际操作题，考核过程按评分标准及操作过程进行评分。

（4）考评技能说明：本项目主要测试考生对屏蔽泵启停操作技能掌握的熟练程度。

5. 考核时限

（1）准备工作：1min(不计入考核时间)。

（2）正式操作时间：15min。

（3）提前完成操作不加分，到时终止操作。

6. 评分记录表

屏蔽泵启停操作评分记录表

操作时间：15min　　考生：　　操作用时：

序号	考核内容	操作规程	评分要素	评分标准	配分	扣分	得分
1	准备	1. 穿戴好劳动保护用品； 2. 准备工具：四合一气体检测仪、正压式呼吸器(硫化氢井站)、报表、笔、F扳手、手套、标识牌	准备工具、量具、用具	1. 劳保穿戴不整齐扣5分； 2. 未准备工具扣5分，多、少一件扣1分	5		
2	启泵前检查	1. 检查地脚螺栓及连接部位紧固、无松动现象； 2. 检查电气设备、电源线和接地线是否完好； 3. 检查压力表等各种仪表是否齐全、准确，灵活好用，是否在有效使用期限内，打开压力表阀门； 4. 检查进出口阀门开关灵活； 5. 全开进口阀门，出口阀门处于全关状态； 6. 检查储液罐液位，打开泵出口管线放气阀，排尽泵内气体，关闭放气阀； 7. 检查欠流保护装置或轴向位移装置处于正常状态	正确进行启泵前的检查	1. 未检查地脚螺栓及连接部位，一处扣5分； 2. 未检查电气设备、电源线和接地线，一处扣5分； 3. 未检查仪表，一处扣5分； 4. 未检查进出口阀门开关灵活扣3分； 5. 未开进口阀门扣20分，未全开扣10分； 6. 未检查储液罐液位扣5分，未进行排气扣10分，气体未排净扣5分，未关闭放气阀扣10分； 7. 未检查欠流保护装置或轴向位移装置扣5分	35		
3	启泵操作	1. 按下启动按钮； 2. 待压力稳定后，缓慢开启出口阀门，调整至规定的压力； 3. 打开外循环或平衡管阀门； 4. 挂运行标识牌	按照启泵要求启泵	1. 未按下启动按钮启泵该项不得分； 2. 未缓慢开启出口阀门扣5分，未调整压力扣5分； 3. 未打开外循环或平衡管阀门扣5分； 4. 未挂标识牌扣5分	20		

续表

序号	考核内容	操作规程	评分要素	评分标准	配分	扣分	得分
4	检查泵运行情况	1. 检查各连接部位无渗漏，运行声音正常； 2. 电流在规定的范围内； 3. 泵出口压力在规定范围内； 4. 检查欠流保护装置或轴向位移装置处于正常状态	正确检查泵的运行状况	1. 未检查检查各连接部位无渗漏扣5分，未检查运行声音扣5分； 2. 未检查电流扣5分； 3. 未检查泵出口压力在规定范围内扣10分； 4. 未检查欠流保护或轴向位移扣5分	20		
5	停泵操作	1. 关闭泵出口阀； 2. 按下停止按钮，停泵； 3. 关闭外循环或平衡管阀门； 4. 关闭泵进口阀； 5. 挂好备用标识牌	按照停泵要求停泵	1. 未关闭出口阀门，该项不得分； 2. 未停泵该项不得分； 3. 未关闭外循环或平衡管扣5分； 4. 未关闭泵进口阀门扣3分； 5. 未挂标识牌扣5分	15		
6	填写报表	1. 回收工具，清理现场； 2. 记录相关参数，填写报表	回收工具、填写资料	1. 少记录一项扣1分，错误一处扣2分，未记录扣5分； 2. 未回收工具一件扣1分，未回收工具扣5分； 3. 未清理现场扣5分	5		
7	安全文明操作	1. 遵守国家或企业有关安全规定； 2. 操作过程中严格遵守“四不伤害”原则	遵守国家或企业有关安全规定	1. 每违反一项规定，从总分中扣5分； 2. 严重违规取消考核； 3. 启泵时未排尽泵内气体终止操作； 4. 因操作不当造成人身伤害，从总分中扣20分； 5. 不正确使用工具、用具，扣分项在安全文明操作项内扣除，一次扣2分，最多扣20分			
备注							
合　计					100		

考评员：　　　　　　　　核分员：　　　　　　　　年　月　日

十三、天然气取样操作

1. 考核要求

(1) 必须穿戴劳动保护用品。
(2) 工具、用具准备齐全，正确使用。
(3) 操作规程符合安全文明操作。
(4) 按规定完成操作项目，质量达到技术要求。
(5) 操作完毕，做到“工完、料净、场地清”。

2. 准备要求

(1) 设备准备：

序 号	名 称	规 格	数 量	备 注
1	取样流程		1 座	

(2) 材料准备：

序 号	名 称	规 格	数 量	备 注
1	手套		1 副	
2	取样标签		1 张	
3	笔		1 支	
4	大布		若干	

(3) 工具、用具准备：

序 号	名 称	规 格	数 量	备 注
1	取样软管	0.5m	2 条	
2	四合一气体检测仪		1 台	
3	护目镜		1 副	
4	正压式呼吸器		1 具	硫化氢井(站)
5	取样袋	铝箔取样袋	若干	
6	污油桶(盆)		1 个	

3. 操作程序说明

1) 检查工具、用具、量具
检查各工具、用具及量具的可用性，须符合本次操作使用要求。

2）天然气取样操作

（1）选取取样点后按需要摆放工具、用具、及材料。

（2）选择正确的操作位置（室外：上风口；室内：提前 0.5h 打开轴流风机通风）。

（3）完整、准确、清晰的填写取样标签(填写内容：时间、地点、介质、取样人、分析项目)。

（4）选取取气样所需取样软管与取样口连接。

（5）缓慢开启取样阀门，放净杂质，关闭取样阀。

（6）打开气体取样袋上的直杆阀，并与取样软管连接。

（7）打开取样阀，向取样袋内充取适量的天然气后断开连接，重复（5）~（7）操作对气样袋进行置换 3 次。

（8）按照分析项目（天然气全分析、硫化氢分析等）要求，取够足量气样（不超过取样袋容量的 80%，防止爆袋），关闭取样袋上的直杆阀，关闭取样阀门，断开取样软管连接。

（9）收拾工具、用具，清洁现场，清除污油桶（盆）内的油污。

3）填写报表

记录参数，填写报表。

4. 考核规定说明

（1）如发现操作过程中可能发生重大违章（如人身伤害、环境污染、设备损坏等），将取消操作。

（2）考核采用百分制，考核项目得分按鉴定比重进行折算。

（3）考核方式说明：本项目为实际操作题，考核过程按评分标准及操作过程进行评分。

（4）考评技能说明：本项目主要测试考生对天然气取样操作技能掌握的熟练程度。

5. 考核时限

（1）准备工作：1min（不计入考核时间）。

（2）正式操作时间：6min。

（3）提前完成操作不加分，到时终止操作。

6. 评分记录表

天然气取气样操作评分记录表

操作时间：6min　　　　考生：　　　　操作用时：

序号	考核内容	操作规程	评分要素	评分标准	配分	扣分	得分
1	准备及检查	1. 穿戴好劳动保护用品； 2. 准备工具：四合一气体检测仪、正压式呼吸器（硫化氢井站）、笔、手套、大布取样袋、取样标签、取样软管、污油桶（盆）	准备工具、量具、用具	1. 劳保穿戴不整齐扣 5 分； 2. 未准备工具扣 5 分，多、少一件扣 1 分； 3. 未检查四合一检测仪扣 10 分； 4. 未检查正压式呼吸器扣 10 分	15		

续表

序号	考核内容	操作规程	评分要素	评分标准	配分	扣分	得分
2	取样前准备	1. 选取取样点后按需要摆放工具、用具及材料； 2. 选择正确的操作位置（室外：上风口，室内：提前0.5h打开轴流风机通风）； 3. 完整、准确、清晰的填写取样标签（填写内容：时间、地点、介质、取样人、分析项目）	根据取样要求准备工具、用具	1. 一项未检查扣5分； 2. 未检查此项不得分； 3. 未填写取样标签扣5分	30		
3	取样	1. 选取取气样所需取样软管与取样口连接； 2. 缓慢开启取样阀门，放净杂质，关闭取样阀； 3. 打开气体取样袋上的直杆阀，并与取样软管连接； 4. 打开取样阀，向取样袋内充取适量的天然气后断开连接，重复（5~7）操作对气样袋进行置换3次； 5. 按按照分析项目（天然气全分析、硫化氢分析等）要求，取够足量气样（不超过取样袋容量的80%，防止爆袋），关闭取样袋上的直杆阀，关闭取样阀门，断开取样软管连接； 6. 关闭取样阀，拔掉取样软管，擦拭取样口	按照要求进行取样作业	1. 未清理取样口扣5分； 2. 未使用污油桶（盆）扣5分； 3. 未放杂质扣5分； 4. 未牢固连接取样管扣5分； 5. 未按要求取样扣30分； 6. 未擦拭取样口扣5分； 7. 未关闭取样阀门，此项不得分	50		

续表

序号	考核内容	操作规程	评分要素	评分标准	配分	扣分	得分
4	清理现场	1. 收拾工具、用具，清洁现场； 2. 清除污油桶(盆)内的油污	收拾工具，清洁场地	1. 未清理现场扣2分； 2. 工具少收一件扣2分； 3. 未清理污油桶扣3分	5		
5	安全文明操作	1. 遵守国家或企业有关安全规定； 2. 操作过程中严格遵守“四不伤害”原则	遵守国家或企业有关安全规定	1. 每违反一项规定，从总分中扣5分； 2. 严重违规取消考核； 3. 因操作不当造成人身伤害，从总分中扣20分； 4. 工具、用具使用不当一次，从总分中扣2分，最多扣20分			
备注							
合计					100		

考评员：　　　　核分员：　　　　年　月　日

中级工

十四、空气压缩机切换操作

1. 考核要求

(1) 必须穿戴劳动保护用品。
(2) 工具、量具、用具准备齐全，正确使用。
(3) 操作规程符合安全文明操作。
(4) 按规定完成操作项目，质量达到技术要求。
(5) 操作完毕，做到“工完、料净、场地清”。

2. 准备要求

(1) 设备准备：

序　号	名　称	规　格	数　量	备　注
1	压缩机		1台	

(2) 材料准备：

序　号	名　称	规　格	数　量	备　注
1	大布		若干	
2	手套		若干	
3	报表		若干	
4	笔		1支	

(3) 工具、用具准备：

序　号	名　称	规　格	数　量	备　注
1	四合一气体检测仪		1台	
2	耳塞		1副	
3	正压式呼吸器		1具	硫化氢井(站)
4	F扳手		1把	
5	试电笔		1支	
6	绝缘手套		1副	
7	标识牌	“运行”“停运”	1块	

3. 操作程序说明

1）检查工具、用具、量具

（1）检查各工具、用具、量具的可用性，须符合本次操作使用要求。

（2）检查四合一气体检测仪有合格证书、校验标签、在有效期内，归零检测。

（3）检查试电笔有合格证书、校验标签在有效期内，外观完好无破损、无受潮或进水。

（4）检查绝缘手套外观完好、无老化、无漏气，有合格证书。

2）空气压缩机启机前检查（备用空压机）

（1）检查备用空压机出口阀门的开关状态正常。

（2）检查压缩机润滑油油位是否正常（液位在 1/2～2/3 之间）。

（3）检查压力表在有效期内，量程在 1/3～2/3 之间，铅封是否完好，表壳有无破损裂痕，刻度是否清晰，指针有无松动现象。

（4）检查 PLC 控制柜上是否存在有报警，如有报警需复位消除报警。

（5）检查空压机进风口滤网干净完整。

3）启空压机操作

（1）通知中控准备对空压机进行切换操作。

（2）给控制柜供电。

（3）打开空气缓冲罐进出口阀门。

（4）按下启动按钮，待排气温度上升至 30℃以上后，再按加载按钮。

（5）待压缩机出口压力上升至 0.7MPa 时，再按下干燥器微电脑工作按钮，投运空气干燥器。

（6）空压机启机正常后悬挂设备运行标识。

4）启机后检查

（1）观察机组运行情况。

（2）检查机组是否有异响有振动。

（3）检查机组各显示仪表是否正常。

（4）检查机组 PLC 控制屏上是否有报警信息存在。

（5）检查空压机润滑油液位是否在 1/3～2/3 之间。

5）停机操作

（1）正常停机时：将机组减载。

（2）机组空载运行 2min 后按下“停止”按键。

（3）断电关闭电源开关。

（4）关闭空压机出口阀门。

（5）紧急停机：直接按下空压机上紧急停车按钮，在按正常停机步骤进行。

（6）空压机停机后悬挂“停运”标识牌。

6）填写报表

（1）记录参数，填写数据，字迹应正确、完整、清晰、无涂改。

（2）记录空气压缩机排气压力、温度。

4. 考核规定说明

(1) 如发现操作过程中可能发生重大违章(如人身伤害、环境污染、设备损坏等), 将终止操作。

(2) 考核采用百分制, 考核项目得分按鉴定比重进行折算。

(3) 考核方式说明: 本项目为实际操作题, 考核过程按评分标准及操作过程进行评分。

(4) 考评技能说明: 本项目主要测试考生对空气压缩机切换技能掌握的熟练程度。

5. 考核时限

(1) 准备工作: 1min(不计入考核时间)。

(2) 正式操作时间: 10min。

(3) 提前完成操作不加分, 到时终止操作考核。

6. 评分记录表

空气压缩机切换操作评分记录表

操作时间: 10min　　考生:　　操作用时:

序号	考核内容	操作规程	评分要素	评分标准	配分	扣分	得分
1	准备	1. 穿戴好劳动保护用品; 2. 准备工具: 四合一气体检测仪、正压式呼吸器(硫化氢井站)、报表、笔、大布、绝缘手套	准备工具、量具、用具	1. 劳保穿戴不整齐扣5分; 2. 未准备工具扣5分, 多、少一件扣1分; 3. 未检查四合一气体检测仪扣5分, 少检查一项扣2分; 4. 未检查试电笔扣5分, 少检查一项扣2分; 5. 未检查绝缘手套外观完好、无老化、无漏气扣2分, 未检查合格证书扣2分	5		
2	备用空气缩机启机前检查	1. 给控制柜供电; 2. 检查压缩机流程出口阀门的开关状态正常; 3. 检查压缩机润滑油油位是否正常(液位在1/2~2/3之间); 4. 检查压力表在有效期内, 量程在1/3~2/3之间, 铅封是否完好, 表壳有无破损裂痕, 刻度是否清晰, 指针有无松动现象; 5. 检查远传仪表是否完好; 6. 检查PLC控制面板上无报警的信息; 7. 检查空压机进风口滤网干净完整	按照启动要求进行检查	1. 未用试电笔确定控制柜是否漏电扣10分; 未戴绝缘手套进行控制柜送电操作, 一处扣10分; 2. 未检查空气压缩机流程出口阀门开关状态, 一处扣5分; 3. 未检查压缩机润滑油油位是否正常扣3分; 4. 未检查压力表扣3分; 5. 未检查远传仪表扣3分; 6. 未检查报警信息扣3分; 7. 未检查空压机进风口滤网扣5分	20		

续表

序号	考核内容	操作规程	评分要素	评分标准	配分	扣分	得分
3	空气压缩机启机操作	1. 打开空气压缩机出口阀门； 2. 按下启动按钮，待排气温度上升至30℃以上后，再按加载按钮； 3. 空压机启机正常悬挂设备运行标识	严格按照操作规程操作	1. 未打开压缩机出口阀门5分； 2. 未待排气温度上升至30℃以上后按下加载按钮扣10分； 3. 未挂设备运行标识扣5分	15		
4	启机后检查	1. 观察流程无漏气现象； 2. 检查机组是否有异响振动； 3. 机组各显示仪表是否正常； 4. 机组PLC控制屏上是否有报警信息存在； 5. 检查润滑油液位是否在1/3~2/3处	认真检查到位	1. 未检查流程是否漏气扣5分； 2. 未检查压缩机有无异响振动扣10分； 3. 未检查显示仪表是否正常扣5分； 4. 未检查报警信息扣5分； 5. 未检查润滑油液位扣5分	15		
5	停运空气压缩机	1. 正常停机时，将机组减载；机组空载运行2min后按下“停止”按键； 2. 断电关闭电源开关； 3. 关闭空压机出口阀门； 4. 紧急停机：直接按下空压机上紧急停车按钮，在按正常停机步骤进行； 5. 空压机停机后悬挂“停运”标识牌	按照要求停空气运压缩机	1. 未减载停机扣10分，未按照要求空载运行停机扣5分； 2. 未关闭电源扣5分； 3. 不会紧急停车扣10分； 4. 未挂停运标识牌扣3分	40		
6	填写报表	1. 记录参数，填写数据，字迹应正确、完整、清晰、无涂改； 2. 记录空气压缩机排气出口压力、温度	记录参数，填写数据，字迹应正确、完整、清晰、无涂改	1. 字迹不清晰，一处扣1分； 2. 涂改一处扣1分； 3. 漏填、少填，一处扣2分	5		

续表

序号	考核内容	操作规程	评分要素	评分标准	配分	扣分	得分
7	安全文明操作	1. 遵守国家或企业有关安全规定； 2. 操作过程中严格遵守“四不伤害”原则	遵守国家或企业有关安全规定	1. 每违反一项规定，从总分中扣5分； 2. 因操作不当造成人身伤害，从总分中扣20分； 3. 严重违规取消考核； 4. 不正确使用工具、用具，扣分项在安全文明操作项内扣除，一次扣2分，最多扣20分			
备注							
合　计					100		

考评员：　　　　核分员：　　　　年　月　日

7. 报表

空压机报表

空压机出口压力/MPa	空压机排气温度/℃	空压机出口缓冲罐压力/MPa	仪表风储罐压力/MPa	仪表风管网压力/MPa

备注：

记录人：　　　　记录时间：　年　月　日

十五、分子筛干燥塔切换操作

1. 考核要求

（1）必须穿戴劳动保护用品。
（2）工具、量具、用具准备齐全，正确使用。
（3）操作规程符合安全文明操作。
（4）按规定完成操作项目，质量达到技术要求。
（5）操作完毕，做到"工完、料净、场地清"。

2. 准备要求

（1）设备准备：

序　号	名　称	规　格	数　量	备　注
1	分子筛干燥塔	常规	3 台	

（2）材料准备：

序　号	名　称	规　格	数　量	备　注
1	大布		若干	
2	手套		若干	

（3）工具、用具准备：

序　号	名　称	规　格	数　量	备　注
1	纸		若干	
2	笔		1 支	
3	F 扳手		1 把	
4	四合一气体检测仪		1 台	
5	正压式呼吸器		1 具	
6	活动扳手	250mm	1 把	
7	开口扳手	17~19	1 把	
8	水露点在线检测仪		1 台	

3. 操作程序说明

1）检查工具、用具
检查各工具、用具的可用性，须符合本次操作使用要求。

2）切换前准备

（1）对备用分子筛干燥塔仪器、仪表、安全附件进行全面检查，确定三座分子筛干燥塔的工作状态。

（2）检查自控系统是否灵敏有效。

（3）检查分子筛干燥塔冷吹塔、再生塔温度符合要求。

（4）吸附塔水露点检测值符合要求。

3）切换操作（分子筛干燥塔 A 吸附，分子筛干燥塔 B 再生，分子筛干燥塔 C 冷吹）

（1）打开冷吹旁通。

（2）关闭分子筛干燥塔 C 塔冷吹进出口阀门，打开分子筛干燥塔 C 塔吸附进口旁通充压，压力达到与分子筛干燥塔 A 塔压力平衡时充压结束（日常工作压力 2.3～2.5MPa），充压时间 30min，充压完成后打开分子筛干燥塔 C 塔吸附出口阀门，关闭 C 塔充压阀，此时分子筛干燥塔 C 塔由冷吹状态切换为吸附状态。

（3）关闭分子筛干燥塔 A 塔吸附进出口阀门，打开分子筛干燥塔 A 塔再生出口阀门泄压，压力泄到与分子筛干燥塔 B 塔压力平衡时为止（日常再生工作压力 0.2～0.3MPa），泄压时间 30min，泄压完成后关闭分子筛干燥塔 A 塔泄压阀，打开 A 塔再生进口阀门，此时分子筛干燥塔 A 塔由吸附状态切换为再生状态。

（4）关闭分子筛干燥塔 B 塔再生进出口阀门，打开分子筛干燥塔 B 塔冷吹进口阀门充压到 0.6MPa，（冷吹工作压力 0.6MPa），充压时间 10min，充压结束后关闭 B 塔充压阀，打开分子筛干燥塔 B 塔冷吹出口阀门，此时分子筛干燥塔 B 塔由再生切换为冷吹状态。

（5）关闭冷吹旁通，检查阀门状态，此时分子筛干燥塔 A 塔状态为再生，分子筛干燥塔 B 塔状态为冷吹，分子筛干燥塔 C 塔状态为吸附。

4）运行检查

（1）检查各分子筛干燥塔运行温度、压力正常，监测水露点在规定范围内。

（2）检查各连接部位是否有“跑、冒、滴、漏”现象。

5）清理场地

清洁现场，收拾工具，做好相应记录。

4. 考核规定说明

（1）如发现操作过程中可能发生重大违章（如人身伤害、环境污染、设备损坏等），将终止操作。

（2）考核采用百分制，考核项目得分按鉴定比重进行折算。

（3）考核方式说明：本项目为实际操作题，考核过程按评分标准及操作过程进行评分。

（4）测量技能说明：本项目主要测试考生对分子筛干燥塔切换操作技能掌握的熟练程度。

5. 考核时限

（1）准备工作：1min（不计入考核时间）。

（2）正式操作时间：20min。

（3）提前完成操作不加分，到时终止操作考核。

6. 评分记录表

分子筛干燥塔切换操作评分记录表

操作时间：20min　　　　　　　　考生：　　　　　　　　操作用时：

序号	考核内容	操作规程	评分要素	评分标准	配分	扣分	得分
1	准备及检查	1. 穿戴好劳动保护用品； 2. 准备工具：F扳手、纸、笔、大布、手套、活动扳手、开口扳手、便携式露点检测仪	准备工具、用具	1. 劳保穿戴不整齐扣5分； 2. 未准备工具及材料扣5分，多、少准备一件扣1分	5		
2	切换前准备	1. 对备用分子筛干燥塔仪器、仪表、安全附件进行全面检查，确定三座分子筛干燥塔的工作状态； 2. 检查自控系统是否灵敏有效； 3. 检查分子筛干燥塔冷吹塔、再生塔温度符合要求； 4. 吸附塔水露点检测值符合要求	认真检查到位	1. 未检查分子筛干燥塔的安全附件，一项扣2分； 2. 未检查自控系统或分子筛干燥塔运行状态扣10分； 3. 未检查运行压力、温度，一项扣2分； 4. 未检查水露点扣10分	30		
3	切换操作	切换操作（分子筛干燥塔A塔吸附，B塔再生，C塔冷吹）： 1. 打开C塔冷吹旁通； 2. 关闭分子筛C塔冷吹进出口阀门，打开C塔充压阀进行充压，压力达到与A塔压力平衡时充压结束（日常工作压力2.3~2.5MPa），充压时间30min，充压完成后关闭充压阀，充压打开C塔吸附进出口阀门，此时C塔由冷吹状态切换为吸附状态；	严格按照切换顺序进行切换	1. 切换顺序错误终止操作； 2. 充压、泄压速度过快扣5分； 3. 未按照充压、泄压值进行操作，每次扣5分； 4. 切换后未检查阀门状态扣10分	40		

续表

序号	考核内容	操作规程	评分要素	评分标准	配分	扣分	得分
3	切换操作	3. 关闭 A 塔吸附进出口阀门，打开 A 塔泄压阀门泄压，压力泄到与 B 塔压力平衡时为止(日常再生工作压力 0.2 ~ 0.3MPa)，泄压时间 30min，泄压完成后关闭 A 塔泄压阀，打开 A 塔再生进出口阀门，此时 A 塔由吸附状态切换为再生状态； 4. 关闭分子筛 B 塔再生进出口阀门，打开 B 塔充压阀门充压到 0.6MPa，(冷吹工作压力 0.6MPa)，充压时间 10min，充压结束后关闭 B 塔充压阀，打开 B 塔冷吹进出口阀门，此时分子筛干燥塔 B 塔由再生切换为冷吹状态； 5. 关闭冷吹旁通，检查阀门状态，此时 A 塔运行状态为再生，B 塔运行状态为冷吹，C 塔运行状态为吸附					
4	运行检查	1. 检查各分子筛干燥塔运行温度、压力正常，监测水露点在规定范围内； 2. 检查各连接部位是否有“跑、冒、滴、漏”现象	按照要求进行检查	1. 未检查“跑、冒、滴、漏”现象，一处扣 2 分； 2. 未检查压力、温度扣 10 分； 3. 未检查水露点扣 10 分	20		
5	清理场地	清洁现场，收拾工具，做好相应记录	收拾工具，清洁场地	1. 未清理现场扣 5 分； 2. 工具少收一件扣 1 分； 3. 未填写运行记录，该项不得分，少填、漏填一项扣 1 分	5		

续表

序号	考核内容	操作规程	评分要素	评分标准	配分	扣分	得分
6	安全文明操作	1. 违反重大安全事项，终止操作； 2. 操作过程中严格遵守“四不伤害”原则	遵守国家或企业有关安全规定	1. 工具、用具未正确使用，一次从总分中扣2分，最多扣10分； 2. 每违反一项规定，从总分中扣5分；严重违规取消考核； 3. 因操作不当造成人身伤害，从总分中扣20分			
备注							
合　计					100		

考评员：　　　　　　核分员：　　　　　　年　月　日

十六、粉尘过滤器投运操作

1. 考核要求

(1) 必须穿戴劳动保护用品。
(2) 工具、量具、用具准备齐全，正确使用。
(3) 操作规程符合安全文明操作。
(4) 按规定完成操作项目，质量达到技术要求。
(5) 操作完毕，做到“工完、料净、场地清”。

2. 准备要求

(1) 设备准备：

序　号	名　称	规　格	数　量	备　注
1	粉尘过滤器		1套	氮气置换合格

(2) 材料准备：

序　号	名　称	规　格	数　量	备　注
1	大布		若干	
2	手套		若干	

(3) 工具、用具准备：

序　号	名　称	规　格	数　量	备　注
1	F扳手		1把	
2	活动扳手	250mm	1把	
3	开口扳手	17~19	1把	
4	四合一检测仪		1台	
5	正压式呼吸器		1套	
6	纸		若干	
7	笔		1支	

3. 操作程序说明

1) 检查工具、用具
检查各工具、用具及可用性，须符合本次操作使用要求。
2) 投运前检查
(1) 检查粉尘过滤器各连接处是否连接可靠。

(2) 检查压力表在有效期内，量程在 1/3~2/3 之间，铅封是否完好，表壳有无破损裂痕，刻度是否清晰，指针有无松动。

(3) 检查排污阀是否关闭。

(4) 检查放空阀是否关闭。

(5) 检查安全阀校验铭牌在有效期内，铅封是否完好，本体有无破损裂痕，根部阀全开，并打铅封。

3) 投运操作

(1) 打开粉尘过滤器出口阀门。

(2) 检查有无渗漏现象。

(3) 待压力稳定后，打开粉尘过滤器进口阀门。

(4) 检查进出口差压。

(5) 运行正常后，填写报表。

4) 清理场地

清洁现场，收拾工具，做好相应记录。

4. 考核规定说明

(1) 若在考核过程中出现操作违章，将停止考核。

(2) 考核采用百分制，考核项目得分按鉴定比重进行折算。

(3) 本项目为实际操作题，考核过程按评分标准及操作过程进行评分。

(4) 本项目主要测试考生对粉尘过滤器投运操作掌握的熟练程度。

5. 考核时限

(1) 准备工作：1min(不计入考核时间)。

(2) 正式操作时间：10min。

(3) 提前完成操作不加分，到时停止操作考核。

6. 评分记录表

粉尘过滤器投运操作评分记录表

操作时间：10min　　　　考生：　　　　操作用时：

序号	考核内容	操作规程	评分要素	评分标准	配分	扣分	得分
1	准备	1. 穿戴好劳动保护用品； 2. 准备工具：大布、手套、纸、笔、四合一气体检测仪、防爆型 F 扳手、正压式呼吸器、活动扳手、开口扳手	准备材料、工具	1. 劳保穿戴不整齐扣 5 分； 2. 未准备工具扣 5 分，多、少一件扣 1 分	5		

续表

序号	考核内容	操作规程	评分要素	评分标准	配分	扣分	得分
2	投运前检查	1. 检查粉尘过滤器各连接处是否连接可靠； 2. 检查压力表在有效期内，量程在1/3~2/3之间，铅封是否完好，表壳有无破损裂痕，刻度是否清晰，指针有无松动； 3. 检查排污阀是否关闭； 4. 检查放空阀是否关闭； 5. 检查安全阀校验铭牌在有效期内，铅封是否完好，本体有无破损裂痕，根部阀全开，并打铅封	按照规范各部分检查到位	1. 各连接处漏检查一处扣2分； 2. 未检查压力表，一处扣5分；读表不规范扣3分； 3. 未检查排污阀扣10分； 4. 放空阀未关闭扣10分； 5. 未检查安全阀，一处扣5分	45		
3	投运操作	1. 缓慢打开粉尘过滤器出、进口阀门； 2. 打开进装置气源，待气体进入粉尘过滤器，压力达到工作压力且稳定后，检查各连接部位有无渗漏； 3. 检查进出口差压在规定范围内； 4. 运行正常后，填写报表	按照操作规范进行操作	1. 未打开阀门扣5分； 2. 未检查各连接部位有无渗漏，一处扣3分； 3. 压力不稳定扣5分； 4. 进出口阀门开关顺序错误扣10分； 5. 未检查差压扣10分； 6. 运行正常后，未填写报表扣5分，少一项扣1分	45		
4	清理场地	清洁现场，收拾工具，做好相应记录	收拾工具，清洁场地	1. 未清理现场，从总分中扣除5分； 2. 工具少收一件，从总分中扣除2分	5		
5	安全文明操作	1. 遵守国家或企业有关安全规定； 2. 操作过程中严格遵守“四不伤害”原则	遵守国家或企业有关安全规定	1. 每违反一项规定，从总分中扣5分； 2. 因操作不当造成人身伤害，从总分中扣20分； 3. 严重违规取消考核； 4. 不正确使用工具、用具，扣分项在安全文明操作项内扣除，一次扣2分，最多扣20分			
备注							
合计					100		

考评员： 核分员： 年 月 日

十七、MDEA 吸收塔投运操作

1. 考核要求

(1) 必须穿戴劳动保护用品。

(2) 工具、量具、用具、安全仪表、安全设备准备齐全，正确使用。

(3) 操作规程符合安全文明操作。

(4) 按规定完成操作项目，质量达到技术要求。

(5) 操作完毕，做到“工完、料净、场地清”。

2. 准备要求

(1) 设备准备：

序　号	名　称	规　格	数　量	备　注
1	MDEA 吸收塔		1 台	

(2) 材料准备：

序　号	名　称	规　格	数　量	备　注
1	手套		1 副	
2	笔		1 支	
3	报表		若干	
4	大布		若干	

(3) 工具、用具准备：

序　号	名　称	规　格	数　量	备　注
1	F 扳手		2 把	
2	管钳	600mm、900mm	各 1 把	
3	活动扳手	200 mm	1 把	
4	开口扳手		1 套	
5	梅花扳手		1 套	
6	硫化氢检测仪		1 台	
7	正压式空气呼吸器		1 具	

3. 操作程序说明

1）检查工具、用具、量具

检查各工具、用具及量具的可用性，须符合本次操作使用要求。

2）检查准备

（1）必须做好自身防护工作，劳保必须穿戴整齐。

（2）进站场前观察风向，对现场进行有毒有害气体检测。

（3）确认吸收塔保温层、扶梯、管线和阀门完好，静电接地牢固。

（4）检查安全阀校验铭牌在有效期内，铅封是否完好，本体有无破损裂痕，根部阀全开，并打铅封。

（5）检查液位计完好、确认排污阀关闭。

（6）检查压力表在有效期内，量程在1/3～2/3之间，铅封是否完好，表壳有无破损裂痕，刻度是否清晰，指针有无松动。

（7）冬季检查电拌热运行正常。

（8）检查液相出口气控阀灵活好用，设定好联锁控制液位参数。

3）MDEA吸收塔液位建立

（1）启用贫富液换热器。

（2）启用胺液循环泵控制流量在设计规定范围。

（3）启用贫液冷却器，控制胺液的温度在设计规定范围。

（4）缓慢打开进出口阀门给MDEA吸收塔进料，建立液位在设计规定范围。

（5）通知中控人员将MDEA吸收塔富液出口调节阀投入自动，控制吸收塔液位保持在设计规定范围。

4）原料气投用

（1）确定原料气压缩机出口压力、温度满足工艺要求。

（2）打开进出口阀门将原料气引入MDEA吸收塔。

（3）控制胺液循环泵出口压力在设计规定范围。

（4）根据在线硫化氢检测仪监测（人工检测）的硫化氢浓度调整胺液循环泵排量，若硫化氢含量大于20mg/m^3，则缓慢增加胺液循环量。

（5）待MDEA吸收塔液位、压力平稳后。

（6）调整进口阀门开度，缓慢增加进气量，并及时调整MDEA吸收塔液位。

（7）保证MDEA吸收塔出口原料气硫化氢含量不大于20mg/m^3。

5）填写记录、清理场地

（1）规范填写检查记录。

（2）清理现场卫生，收拾工具。

4. 考核规定说明

（1）如发现操作过程中可能发生重大违章（如人身伤害、环境污染、设备损坏等），将终止操作。

（2）考核采用百分制，考核项目得分按鉴定比重进行折算。

（3）考核方式说明：本项目为实际操作题，考核过程按评分标准及操作过程进行评分。
（4）考评技能说明：本项目主要测试考生对 MDEA 吸收塔投运技能掌握的熟练程度。

5. 考核时限

（1）准备工作：1min（不计入考核时间）。
（2）正式操作时间：15min。
（3）提前完成操作不加分，到时停止操作考核。

6. 评分记录表

MDEA 吸收塔投运操作评分记录表

操作时间：15min　　　　考生：　　　　操作用时：

序号	考核内容	操作规程	评分要素	评分标准	配分	扣分	得分
1	准备	1. 穿戴好劳动保护用品； 2. 准备工具：手套、笔、报表、大布、F 扳手、管钳、测温枪、活动扳手、开口扳手、梅花扳手	准备好工具、量具、用具	1. 劳保穿戴不整齐扣 5 分；2. 未准备工具及材料扣 5 分，多、少准备一件扣 2 分	5		
2	检查	1. 进站场前观察风向，对现场进行有毒有害气体检测； 2. 确认吸收塔保温层、扶梯、管线和阀门完好，静电接地牢固； 3. 检查安全阀校验铭牌在有效期内，铅封是否完好，本体有无破损裂痕，根部阀全开，并打铅封； 4. 检查液位计完好、确认排污阀关闭； 5. 检查压力表在有效期内，量程在 1/3~2/3 之间，铅封是否完好，表壳有无破损裂痕，刻度是否清晰，指针有无松动； 6. 冬季检查电拌热运行正常； 7. 检查液相出口气控阀灵活好用，设定好联锁控制液位参数	安全防护，投用前检查	1. 进站场前未观察风向扣 2 分，未对现场进行有毒有害气体检测扣 3 分； 2. 未确认吸收塔保温层、扶梯、管线和阀门完好，静电接地，一处扣 2 分； 3. 检查安全阀，漏一项扣 2 分； 4. 未检查液位计完好、确认排污阀关闭，一处扣 2 分； 5. 检查压力表，漏一项扣 2 分； 6. 冬季未检查电拌热是否正产扣 2 分； 7. 检查液相出口气控阀灵活好用，设定好联锁控制液位参数，一处扣 2 分	25		

续表

序号	考核内容	操作规程	评分要素	评分标准	配分	扣分	得分
3	MDEA吸收塔液位建立	1. 启用贫富液换热器； 2. 启用胺液循环泵控制流量在设计规定范围； 3. 启用贫液冷却器，控制胺液的温度在设计规定范围； 4. 缓慢打开进出口阀门给MDEA吸收塔进料，建立液位在设计规定范围； 5. 通知中控人员将MDEA吸收塔富液出口调节阀投入自动，控制吸收塔液位保持在设计规定范围	根据操作步骤操作	1. 未口述启用贫富液换热器扣2分； 2. 口述启用胺液循环泵控制流量在设计规定范围扣2分； 3. 未口述启用贫液冷却器，控制胺液的温度在设计规定范围扣2分； 4. 阀门开关操作不规范扣2分； 5. 液位控制不稳扣5分； 6. 未通知中控人员将MDEA吸收塔富液出口调节阀投入自动扣5分	30		
4	原料气投用	1. 确定原料气压缩机出口压力、温度满足工艺要求； 2. 打开进出口阀门将原料气引入MDEA吸收塔； 3. 控制胺液循环泵出口压力在设计规定范围； 4. 根据在线硫化氢检测仪监测（人工检测）的硫化氢浓度调整胺液循环泵排量，若硫化氢含量大于20mg/m^3，则缓慢增加胺液循环量； 5. 待MDEA吸收塔液位、压力平稳后； 6. 调整进口阀门开度，缓慢增加进气量，并及时调整MDEA吸收塔液位； 7. 保证MDEA吸收塔出口原料气硫化氢含量不大于20mg/m^3	规范操作、精确测量	1. 未确定原料气压缩机出口压力扣2分； 2. 阀门开关操作不规范扣2分； 3. 未口述控制胺液循环泵出口压力规定值扣2分； 4. 未检测硫化氢浓度扣5分； 5. 未口述通知中控调整胺液循环泵排量扣2分； 6. 未调整进口阀门开度，控制进气量扣5分； 7. MDEA吸收塔液位不稳定扣5分； 8. 硫化氢含量控制不到设计值扣5分	30		

续表

序号	考核内容	操作规程	评分要素	评分标准	配分	扣分	得分
5	填写记录清理场地	1. 填写报表； 2. 清洁现场，收拾工具	规范填写报表及记录	1. 少填写一项扣2分； 2. 未清理现场扣5分，工具少收或少清洁一件扣2分	10		
6	安全文明操作	1. 遵守国家或企业有关安全规定； 2. 操作过程中严格遵守“四不伤害”原则	遵守国家或企业有关安全规定	1. 每违反一项规定，从总分中扣5分； 2. 因操作不当造成人身伤害，从总分中扣20分； 3. 严重违规取消考核			
备注							
合　计					100		

考评员：　　　　核分员：　　　　年　月　日

十八、MDEA 再生塔投运操作

1. 考核要求

（1）必须穿戴劳动保护用品。
（2）工具、量具、用具、安全仪表、安全设备准备齐全，正确使用。
（3）操作规程符合安全文明操作。
（4）按规定完成操作项目，质量达到技术要求。
（5）操作完毕，做到"工完、料净、场地清"。

2. 准备要求

（1）设备准备：

序　号	名　称	规　格	数　量	备　注
1	自喷井井口		1 套	

（2）材料准备：

序　号	名　称	规　格	数　量	备　注
1	手套		1 副	
2	笔		1 支	
3	报表		1 张	
4	大布		2 块	
5	油嘴		2 个	根据生产需求
6	生料带		1 卷	

（3）工具、用具准备：

序　号	名　称	规　格	数　量	备　注
1	F 扳手		2 把	
2	管钳	600mm、900mm	各 1 把	
3	测温枪		1 把	
4	活动扳手	200 mm	1 把	
5	开口扳手		1 套	
6	梅花扳手		1 套	

（4）气防器材：

序　号	名　称	规　格	数　量	备　注
1	硫化氢检测仪		1 台	
2	正压式空气呼吸器		1 套	

3. 操作程序说明

1）检查工具、用具、量具

检查各工具、用具及量具的可用性，须符合本次操作使用要求。

2）检查准备

（1）必须做好自身防护工作，劳保必须穿戴整齐。

（2）进站场前观察风向，对现场进行有毒有害气体检测。

（3）确认再生塔保温层、扶梯、管线和阀门完好，静电接地牢固。

（4）检查流程通畅。

（5）检查安全阀校验铭牌在有效期内，铅封是否完好，本体有无破损裂痕，根部阀全开并打铅封。

（6）检查液位计完好、确认排污阀关闭。

（7）检查压力表在有效期内，量程在 1/3～2/3 之间，铅封是否完好，表壳有无破损裂痕，刻度是否清晰，指针有无松动。

（8）冬季检查电伴热运行正常。

3）投用操作

（1）打开 MDEA 再生塔胺液补给阀。

（2）启动胺液配置泵把贫液注入到 MDEA 再生塔，建立塔底液位在设计规定范围。

（3）MDEA 吸收塔建立液位后，打开闪蒸罐进口阀门，启用闪蒸罐。

（4）打开氮气补压管线阀门，调节压力在设计规定范围，建立 MDEA 闪蒸罐液位在设计规定范围。

（5）打开闪蒸罐出口阀门，启用活性炭过滤器、贫富液换热器。

（6）缓慢开启打开贫富液换热器进出口阀门 MDEA 富液进入 MDEA 再生塔。

（7）本次操作所有调节阀均在设备投运平稳后开启调节阀前端阀门投为自动，再关闭调节阀旁通阀门。

（8）建立塔底液位在设计规定范围。

4）填写记录、清理场地

（1）规范填写检查记录。

（2）清理现场卫生，收拾工具。

4. 考核规定说明

（1）如发现操作过程中可能发生重大违章（如人身伤害、环境污染、设备损坏等），将终止操作。

（2）考核采用百分制，考核项目得分按鉴定比重进行折算。

（3）考核方式说明：本项目为实际操作题，考核过程按评分标准及操作过程进行评分。

（4）考评技能说明：本项目主要测试考生对 MDEA 再生塔投运技能掌握的熟练程度。

5. 考核时限

（1）准备工作：1min（不计入考核时间）。

（2）正式操作时间：10min。

（3）提前完成操作不加分，到时停止操作考核。

6. 评分记录表

MDEA 再生塔投运操作评分记录表

操作时间：10min　　　　考生：　　　　操作用时：

序号	考核内容	操作规程	评分要素	评分标准	配分	扣分	得分
1	准备	1. 穿戴好劳动保护用品； 2. 准备工具：手套、笔、报表、大布、油嘴、生料带、F 扳手、管钳、测温枪、活动扳手、开口扳手、梅花扳手	准备好工具、量具、用具	1. 劳保穿戴不整齐扣 5 分；2. 未准备工具及材料扣 5 分，多、少准备一件扣 2 分	5		
2	检查	1. 必须做好自身防护工作，劳保必须穿戴整齐； 2. 进站场前观察风向，对现场进行有毒有害气体检测； 3. 确认吸收塔保温层、扶梯、管线和阀门完好，静电接地牢固； 4. 检查安全阀校验铭牌在有效期内，铅封是否完好，本体有无破损裂痕，根部阀全开，并打铅封； 5. 检查液位计完好、确认排污阀关闭； 6. 检查压力表在有效期内，量程在 1/3~2/3 之间，铅封是否完好，表壳有无破损裂痕，刻度是否清晰，指针有无松动； 7. 冬季检查电拌热运行正常； 8. 检查液相出口气控阀灵活好用，设定好联锁控制液位参数	安全防护，倒翼前检查	1. 进井场前未观察风向扣 2 分； 2. 未对现场进行有毒有害气体检测扣 3 分； 3. 未确认吸收塔保温层、扶梯、管线和阀门完好，静电接地牢固，一处扣 2 分； 4. 未按要求检查安全阀，一处扣 2 分； 5. 未按要求检查液位计、排污阀，一处扣 2 分； 6. 未按要求检查压力表，一处扣 2 分； 7. 未按要求冬季检查电拌热，一处扣 2 分； 8. 未按要求检查液相出口气控阀，联锁控制液位参数，一处扣 2 分	30		

续表

序号	考核内容	操作规程	评分要素	评分标准	配分	扣分	得分
3	投用操作	1. 打开 MDEA 再生塔胺液补给阀； 2. 启动胺液配置泵把贫液注入到 MDEA 再生塔，建立塔底液位在设计规定范围； 3. MDEA 吸收塔建立液位后，打开闪蒸罐进口阀门，启用闪蒸罐； 4. 打开氮气补压管线阀门，调节压力在设计规定范围，建立 MDEA 闪蒸罐液位在设计规定范围； 5. 打开闪蒸罐出口阀门，启用活性炭过滤器、贫富液换热器； 6. 缓慢开启打开进出口阀门 MDEA 富液进入 MDEA 再生塔； 7. 本次操作所有调节阀均在设备投运平稳后开启调节阀前端阀门投为自动，再关闭调节阀旁通阀门； 8. 建立塔底液位在设计规定范围	根据操作步骤操作	1. 阀门开关未按要求操作扣 2 分； 2. 未打开 MDEA 再生塔胺液补给阀扣 5 分； 3. 未启动胺液配置泵扣 5 分； 4. 未建立塔底液位在设计规定范围扣 10 分； 5. 未打开闪蒸罐进口阀门，启用闪蒸罐口 5 分； 6. 未打开氮气补压管线阀门，调节压力在设计规定范围，建立 MDEA 闪蒸罐液位在设计规定范围扣 5 分； 7. 未打开闪蒸罐出口阀门，启用活性炭过滤器、贫富液换热器，一处扣 5 分； 8. 未打开进出口阀门 MDEA 富液进入 MDEA 再生塔扣 5 分； 9. 未通知本次操作所有调节阀均在设备投运平稳后开启调节阀前端阀门投为自动，一处扣 2 分；未关闭设备调节阀旁通阀门，一处扣 2 分； 10. 未建立塔底液位在设计规定范围扣 10 分	55		
4	填写记录，清理场地	1. 填写报表； 2. 清洁现场，收拾工具	规范填写报表及记录	1. 少填写一项扣 2 分； 2. 未清理现场扣 5 分，工具少收或少清洁一件扣 2 分	10		
5	安全文明操作	1. 遵守国家或企业有关安全规定； 2. 操作过程中严格遵守“四不伤害”原则	遵守国家或企业有关安全规定	1. 每违反一项规定，从总分中扣 5 分； 2. 因操作不当造成人身伤害，从总分中扣 20 分； 3. 严重违规取消考核			
备注							
合计					100		

考评员：　　　　　　核分员：　　　　　　年　月　日

十九、分离器投运操作

1. 考核要求

(1) 必须穿戴劳动保护用品。

(2) 工具、用具准备齐全，正确使用。

(3) 操作规程符合安全文明操作。

(4) 按规定完成操作项目，质量达到技术要求。

(5) 操作完毕，做到“工完、料净、场地清”。

2. 准备要求

(1) 设备准备：

序 号	名 称	规 格	数 量	备 注
1	分离器(两相)		1台	

(2) 材料准备：

序 号	名 称	规 格	数 量	备 注
1	大布		若干	
2	手套		若干	
3	报表		若干	
4	笔		1支	

(3) 工具、量具、用具准备：

序 号	名 称	规 格	数 量	备 注
1	防爆F扳手		1把	
2	四合一气体检测仪	GPM-2000	1个	
3	正压式呼吸器		1具	硫化氢井(站)
4	活动扳手	250mm	1把	
5	开口扳手	17~19	1把	
6	生料带		若干	

3. 操作程序说明

1）检查工具、用具

检查各工具、用具及可用性，须符合本次操作使用要求。

2）分离器投运前检查

(1) 检查分离器本体是否完好。

(2) 检查分离器各连接处是否连接可靠。

(3) 检查温度计在有效期内，表壳有无破损裂痕，刻度是否清晰，指针有无松动现象。

(4) 检查各阀门开关状态。

(5) 检查液位计排污阀是否关闭；检查液位计磁翻板是否正常，连接阀是否开启。

(6) 检查放空阀是否关闭。

(7) 检查安全阀校验铭牌在有效期内，铅封是否完好，本体有无破损裂痕，根部阀全开并打铅封。

(8) 检查压力表在有效期内，量程在 1/3~2/3 之间，铅封是否完好，表壳有无破损裂痕，刻度是否清晰，指针有无松动。

3）投运分离器

(1) 打开液位计上下流引压阀。

(2) 缓慢打开分离器进口阀，观察压力，待投运分离器压力与系统压力平衡后，根据实际情况分别打开分离器气相出口阀门和液相出口阀门。

(3) 待压力、液位稳定后，调整分离器气相出口阀门，控制分离器工作压力在规定范围内，控制分离器液位在 1/2~2/3 处。

4）分离器投用后检查

(1) 检查法兰、阀门、仪表密封情况。

(2) 检查各连接部位是否有“跑、冒、滴、漏”现象。

5）填写报表

检查压力、温度、液位。

6）填写报表

(1) 记录参数，填写数据，字迹应正确、完整、清晰、无涂改。

(2) 记录分离器进出口压力、温度(包括：气相、液相)。

(3) 记录分离器液相液位。

(4) 记录分离器投运时间。

7）清理场地

清洁现场，收拾工具。

4. 考核规定说明

(1) 如操作违章，将停止考核。

(2) 考核采用百分制，考核项目得分按鉴定比重进行折算。

(3) 考核方式说明：本项目为实际操作题，考核过程按评分标准及操作过程进行评分。

(4) 测量技能说明：本项目主要测试考生对分离器投运操作的熟练程度。

5. 考核时限

（1）准备工作：1min（不计入考核时间）。
（2）正式操作时间：15min。
（3）提前完成操作不加分，超时停止工作。

6. 评分记录表

分离器投运操作评分记录表

操作时间：15min　　考生：　　操作用时：

序号	考核内容	操作规程	评分要素	评分标准	配分	扣分	得分
1	准备工作	1. 穿戴好劳动保护用品； 2. 准备工具：大布、手套、报表、笔、四合一气体检测仪、防爆型F扳手、活动扳手、开口扳手、生料带、正压式空气呼吸器（含硫化氢站区）	准备材料、工具	1. 劳保穿戴不整齐扣5分； 2. 未准备工具扣5分；多、少一件扣2分	5		
2	分离器投运前的检查	1. 检查分离器本体是否完好，检查分离器各连接处是否连接可靠； 2. 检查温度计在有效期内，表壳有无破损裂痕，刻度是否清晰，指针有无松动现象； 3. 检查各阀门开关状态； 4. 检查液位计排污阀是否关闭；检查液位计磁翻板是否正常，上下流阀门开启； 5. 检查放空阀是否关闭； 6. 检查安全阀校验铭牌在有效期内，铅封是否完好，本体有无破损裂痕，根部阀全开并打铅封； 7. 检查压力表在有效期内，量程在1/3~2/3之间，铅封是否完好，表壳有无破损裂痕，刻度是否清晰，指针有无松动	按照规范各部分检查到位	1. 未检查分离本体扣5分；各连接处漏检查一处扣2分； 2. 未检查压力表、温度计，一处扣2分； 3. 未确认各阀门开关状态，少一处扣2分； 4. 未确认液位计排污阀关闭扣5分； 5. 未检查液位计磁翻板、上下流阀门开启扣5分； 6. 未检查放空阀关闭扣5分； 7. 未检查安全阀，一处扣2分； 8. 未检查静电接地扣2分	20		

续表

序号	考核内容	操作规程	评分要素	评分标准	配分	扣分	得分
3	投运分离器	1. 缓慢打开分离器进口阀门； 2. 听进液声音； 3. 观察压力和液位变化； 4. 待分离器压力达到分离器工作压力后，打开气相出口阀门，控制分离器压力在正常工作压力范围内； 5. 当分离器的液相液位达到 1/2 液位高度时，打开油相液相出口阀门，控制液位高度； 6. 当分离器压力、液位稳定时，逐渐增加处理量； 7. 观察液相液位，控制分离器液位在 1/2~2/3 之间	按照操作规范进行操作	1. 未侧身、缓慢打开进口阀门扣 5 分； 2. 未倾听进液声音扣 5 分； 3. 未观察压力和液位变化情况扣 5 分； 4. 当压力上升到工作压力时，未打开气相出口阀门扣 20 分； 5. 当分离器的液相液位达到 1/2 液位高度时，未打开液相出口阀门扣 20 分； 6. 未按照规定要求增加处理量扣 5 分； 7. 未观察液位扣 2 分；未口述正常液位值扣 2 分	55		
4	分离器投运后的检查	1. 检查各连接部位是否有“跑、冒、滴、漏”现象； 2. 检查法兰、阀门、仪表密封情况； 3. 检查压力、温度、液位	按照操作规范进行操作	1. 未检查各部位连接情况，一处扣 2 分； 2. 未检查法兰、阀门、仪表密封情况，一处扣 2 分； 3. 未检查流量、压力、温度、液位，一项扣 3 分	10		
5	填写报表	1. 记录分离器进出口压力、温度(包括：气相、液相)； 2. 记录分离器液相液位； 3. 记录分离器投运时间	记录参数，填写数据，字迹应正确、完整、清晰、无涂改	1. 未记录分离器进出口压力、温度一处扣 2 分；压力表、温度计读值方法不正确，一处扣 2 分(三点一线)； 2. 未记录分离器液位扣 2 分，读值不正确扣 2 分； 3. 未记录分离器投运时间扣 2 分	5		
6	清理场地	清洁现场，收拾工具，做好相应记录	收拾工具，清洁场地	1. 未回收工具扣 5 分，少收一件扣 2 分； 2. 未清理现场，从总分中扣 5 分	5		

续表

序号	考核内容	操作规程	评分要素	评分标准	配分	扣分	得分
7	安全文明操作	1. 遵守国家或企业有关安全规定； 2. 操作过程中严格遵守“四不伤害”原则	遵守国家或企业有关安全规定	1. 每违反一项规定，从总分中扣5分； 2. 严重违规取消考核； 3. 不检查分离器安全阀、投运中未开气相、液相出口阀终止操作； 4. 因操作不当造成人身伤害，从总分中扣20分； 5. 不正确使用工具、用具，扣分项在安全文明操作项内扣除；一次扣2分，最多扣20分			
备注							
合　计					100		

考评员：　　　　核分员：　　　　年　月　日

二十、换热器投用操作

1. 考核要求

(1) 必须穿戴劳动保护用品。
(2) 工具、用具准备齐全，正确使用。
(3) 操作规程符合安全文明操作。
(4) 按规定完成操作项目，质量达到技术要求。
(5) 操作完毕，做到“工完、料净、场地清”。

2. 准备要求

(1) 设备准备：

序　号	名　称	规　格	数　量	备　注
1	换热器		1 台	

(2) 材料准备：

序　号	名　称	规　格	数　量	备　注
1	大布		若干	
2	手套		若干	
3	报表		若干	
4	笔		1 支	

(3) 工具、量具、用具准备：

序　号	名　称	规　格	数　量	备　注
1	防爆 F 扳手		1 把	
2	四合一气体检测仪	GPM-2000	1 台	
3	正压式呼吸器		1 具	
4	活动扳手	250mm	1 把	
5	开口扳手	17~19	1 把	
6	生料带		若干	

3. 操作程序说明

1) 检查工具、用具、量具
检查各工具、用具及量具的可用性，须符合本次操作使用要求。

2）投用前检查

（1）检查基础支座是否牢固，各部螺栓是否紧固，静电接地是否良好。

（2）检查换热器封头是否完好。

（3）检查换热器壳体表面有无变形、碰伤裂纹、锈蚀麻坑等缺陷，流程有无“跑、冒、滴、漏”现象。

（4）检查换热器进出口阀门开关状态。

（5）检查温度计在有效期内，表壳有无破损裂痕，刻度是否清晰，指针有无松动现象。

（6）检查压力表在有效期内，量程在 1/3～2/3 之间，铅封是否完好，表壳有无破损裂痕，刻度是否清晰，指针有无松动。

（7）检查安全阀校验铭牌在有效期内，铅封是否完好，本体有无破损裂痕，根部阀全开并打铅封。

3）投用换热器

（1）口述：投用换热器时先投冷流再投热流。

（2）缓慢打开换热器冷介质物料进口阀门，倾听是否有液流声音，观察压力表达到规定压力时，缓慢打开换热器物料出口阀门。

（3）缓慢打开换热器热介质物料进口阀门，倾听是否有液流声音，观察管程压力表达到规定压力时，缓慢打开换热器物料出口阀门。

（4）观察换热器壳程、管程压力、温度变化情况，及时进行调整。

4）换热器投用后检查

（1）待换热器运行正常后检查换热器压力、温度是否在规定范围值内，量程在 1/3～2/3 之间。

（2）检查换热器是否有“跑、冒、滴、漏”现象。

5）填写报表

（1）记录参数，填写数据，字迹应正确、完整、清晰、无涂改。

（2）记录换热器管程、壳程进出口压力、温度。

（3）记录换热器投用时间。

4. 考核规定说明

（1）如发现操作过程中可能发生重大违章（如人身伤害、环境污染、设备损坏等），将取消操作。

（2）考核采用百分制，考核项目得分按鉴定比重进行折算。

（3）考核方式说明：本项目为实际操作题，考核过程按评分标准及操作过程进行评分。

（4）考评技能说明：本项目主要测试考生对换热器投用技能掌握的熟练程度。

5. 考核时限

（1）准备工作：1min（不计入考核时间）。

（2）正式操作时间：20min。

（3）提前完成操作不加分，到时终止操作考核。

6. 评分记录表

换热器投用操作评分记录表

操作时间：20min　　　　考生：　　　　操作用时：

序号	考核内容	操作规程	评分要素	评分标准	配分	扣分	得分
1	准备工作	1. 穿戴好劳动保护用品； 2. 准备工具：大布、手套、报表、笔、四合一气体检测仪、防爆型F扳手、活动扳手、开口扳手、生料带、正压式空气呼吸器(含硫化氢站区)	准备工具、量具、用具	1. 劳保穿戴不整齐扣5分； 2. 未准备工具扣5分，多、少一件扣1分	5		
2	换热器投用前检查	1. 检查基础支座是否牢固，各部螺栓是否紧固，静电接地是否良好； 2. 检查换热器封头是否完好； 3. 检查换热器壳体表面有无变形、碰伤裂纹、锈蚀麻坑等缺陷，流程无"跑、冒、滴、漏"现象； 4. 检查换热器进出口阀门开关状态； 5. 检查温度计在有效期内，表壳有无破损裂痕，刻度是否清晰，指针有无松动现象； 6. 检查压力表在有效期内，量程在1/3~2/3之间，铅封是否完好，表壳有无破损裂痕，刻度是否清晰，指针有无松动； 7. 检查安全阀校验铭牌在有效期内，铅封是否完好，本体有无破损裂痕，根部阀全开并打铅封	按照要求进行检查	1. 未检查基础支座、各部螺栓、静电接地扣5分，漏检查一处扣2分； 2. 未检查换热器封头扣5分； 3. 未检查换热器壳体表面扣5分，未检查流程扣5分； 4. 未检查换热器进出口阀门开关状态扣5分，漏检查一处扣2分； 5. 未检查安全阀及换热器进出口压力表、温度表，一处扣2分；检查不规范，一处扣2分	20		

续表

序号	考核内容	操作规程	评分要素	评分标准	配分	扣分	得分
3	投用换热器	1. 口述：投用换热器时先投冷介质再投热介质； 2. 缓慢打开换热器冷介质物料进口阀门，倾听是否有液流声音，观察压力表达到规定压力时，缓慢打开换热器物料出口阀门； 3. 缓慢打开换热器热介质物料进口阀门，倾听是否有液流声音，观察压力表达到规定压力时，缓慢打开换热器物料出口阀门； 4. 观察换热器管程、壳程压力、温度变化情况	按照要求投运换热器	1. 未口述扣2分； 2. 未缓慢、侧身打开阀门扣2分；未倾听进液声音扣2分；未观察压力表压力扣2分； 3. 当压力上升到一定时，未打开出口阀门扣10分； 4. 冷介质、热介质投用顺序错误扣50分； 5. 未观察换热器管程、壳程压力、温度变化情况扣5分	50		
4	换热器投用后检查	1. 待换热器运行正常后检查换热器压力、温度是否在规定范围值内，量程在1/3～2/3之间； 2. 正确读取压力、温度值(三点一线)； 3. 检查换热器是否有“跑、冒、滴、漏”现象	按照要求进行检查	1. 未检查换热器压力、温度扣5分，漏检查一处扣2分，未在规定量程内扣2分； 2. 压力、温度读值方法不正确，一次扣2分； 3. 未检查换热器“跑、冒、滴、漏”现象扣5分	15		
5	填写报表	1. 记录换热器管程、壳程进出口压力、温度； 2. 记录换热器投用时间	记录参数	1. 不记录压力、温度，一处扣2分；填写错误，一处扣2分； 2. 压力、温度读值不正确，一次扣2分； 3. 不记录换热器投用时间扣2分	5		
6	清理场地	清洁现场，收拾工具，做好相应记录	收拾工具，清洁场地	1. 未回收工具扣5分； 2. 少收一件扣2分； 3. 未清理现场从总分中扣5分	5		

续表

序号	考核内容	操作规程	评分要素	评分标准	配分	扣分	得分
7	安全文明操作	1. 遵守国家或企业有关安全规定； 2. 操作过程中严格遵守“四不伤害”原则	遵守国家或企业有关安全规定	1. 每违反一项规定，从总分中扣5分； 2. 严重违规取消考核； 3. 换热器管程、壳程投用顺序错误停止操作； 4. 因操作不当造成人身伤害，从总分中扣20分； 5. 不正确使用工具、用具，扣分项在安全文明操作项内扣除，一次扣2分，最多扣20分			
备注							
合　计					100		

考评员：　　　　核分员：　　　　年　月　日

二十一、再生气加热器投用操作

1. 考核要求

(1) 必须穿戴劳动保护用品。

(2) 工具、用具准备齐全，正确使用。

(3) 操作规程符合安全文明操作。

(4) 按规定完成操作项目，质量达到技术要求。

(5) 操作完毕，做到“工完、料净、场地清”。

2. 准备要求

(1) 设备准备：

序 号	名 称	规 格	数 量	备 注
1	再生气加热器		1台	

(2) 材料准备：

序 号	名 称	规 格	数 量	备 注
1	大布		若干	
2	手套		若干	
3	报表		若干	
4	笔		1支	

(3) 工具、量具、用具准备：

序 号	名 称	规 格	数 量	备 注
1	防爆F扳手		1把	
2	四合一气体检测仪	GPM-2000	1台	
3	正压式呼吸器		1具	
4	活动扳手	250mm	1把	
5	开口扳手	17~19	1把	
6	生料带		若干	

3. 操作程序说明

1）检查工具、用具、量具

检查各工具、用具及量具的可用性，须符合本次操作使用要求。

2）投用前检查

（1）检查再生气加热器基础支座是否牢固，各部螺栓是否紧固，静电接地是否良好。

（2）检查再生气加热热器封头是否完好。

（3）检查换热器壳体表面有无变形、碰伤裂纹、锈蚀麻坑等缺陷，流程无“跑、冒、滴、漏”现象。

（4）检查再生气加热器进出口阀门开关状态。

（5）检查温度计在有效期内，表壳有无破损裂痕，刻度是否清晰，指针有无松动现象。

（6）检查压力表在有效期内，量程在 1/3～2/3 之间，铅封是否完好，表壳有无破损裂痕，刻度是否清晰，指针有无松动。

（7）检查安全阀校验铭牌在有效期内，铅封是否完好，本体有无破损裂痕，根部阀全开并打铅封。

3）投用再生气加热器

（1）口述：投用再生气加热器时先投冷流再投热流。

（2）缓慢打开再生气加热器壳程物料（干气）进口阀门，倾听是否有气流声音，观察壳程压力表达到规定压力时，缓慢打开再生气加热器壳程物料（干气）出口阀门。

（3）缓慢打开再生气加热器管程物料（导热油）进口阀门，倾听是否有液流声音，观察管程压力表达到规定压力时，缓慢打开再生气加热器管程物料（导热油）出口阀门，根据升温速度缓慢调节出口阀门的开度，通知中控调节出口自动控制阀门开度进行升温，升温速度一定要慢，1min 5℃直到升到规定温度。

（4）观察再生气换热器壳程、管程压力、温度变化情况，及时进行调整。

（5）投用时小心导热油高温烫伤。

4）再生气加热器投用后检查

（1）待再生气加热器运行正常后检查再生气加热器压力、温度是否在规定范围值内，压力表显示值量程在 1/3～2/3 之间。

（2）检查换热器是否有“跑、冒、滴、漏”现象。

5）填写报表

（1）记录参数，填写数据，字迹应正确、完整、清晰、无涂改。

（2）记录再生气加热器管程、壳程进出口压力、温度。

（3）记录再生气加热器投用时间。

4. 考核规定说明

（1）如发现操作过程中可能发生重大违章（如人身伤害、环境污染、设备损坏等），将取消操作。

（2）考核采用百分制，考核项目得分按鉴定比重进行折算。

（3）考核方式说明：本项目为实际操作题，考核过程按评分标准及操作过程进行评分。
（4）考评技能说明：本项目主要测试考生对再生气加热器投用技能掌握的熟练程度。

5. 考核时限

（1）准备工作：1min（不计入考核时间）。
（2）正式操作时间：30min。
（3）提前完成操作不加分，到时终止操作考核。

6. 评分记录表

再生气加热器投用操作评分记录表

操作时间：30min　　考生：　　操作用时：

序号	考核内容	操作规程	评分要素	评分标准	配分	扣分	得分
1	准备工作	1. 穿戴好劳动保护用品； 2. 准备工具：大布、手套、报表、笔、四合一气体检测仪、防爆型F扳手、活动扳手、开口扳手、生料带、正压式空气呼吸器（含硫化氢站区）	准备工具、量具、用具	1. 劳保穿戴不整齐扣5分； 2. 未准备工具扣5分，多、少一件扣1分	5		
2	再生气加热器投用前检查	1. 检查基础支座是否牢固，各部螺栓是否紧固，静电接地是否良好； 2. 检查封头是否完好； 3. 检查加热器壳体表面有无变形、碰伤裂纹、锈蚀麻坑等缺陷，流程无“跑、冒、滴、漏”现象； 4. 检查加热器进出口阀门开关状态； 5. 检查加热器进出口压力表、温度计在有效期内，铅封是否完好，表壳有无破损裂痕，刻度是否清晰，指针有无松动现象	按照要求进行检查	1. 未检查基础支座、各部螺栓、静电接地扣5分，漏检查一处扣2分； 2. 未检查加热器封头扣5分； 3. 未检查加热器壳体表面扣5分，未检查流程扣5分； 4. 未检查加热器进出口阀门开关状态扣5分，漏检查一处扣2分； 5. 未检查加热器进出口压力表、温度计，一处扣2分；检查不规范，一处扣2分	20		

续表

序号	考核内容	操作规程	评分要素	评分标准	配分	扣分	得分
3	投用换热器	1. 口述：投用再生气加热器时先投冷流再投热流； 2. 缓慢打开再生气加热器壳程物料（干气）进口阀门，倾听是否有气流声音，观察壳程压力表达到规定压力时，缓慢打开再生气加热器壳程物料（干气）出口阀门； 3. 缓慢再生气加热器管程物料（导热油）进口阀门，倾听是否有液流声音，观察管程压力表达到规定压力时，缓慢打开再生气加热器管程物料（导热油）出口阀门，根据升温速度缓慢调节出口阀门的开度，通知中控调节出口自动控制阀门开度进行升温，升温速度一定要慢，1min 5℃直到升到规定温度； 4. 观察再生气换热器壳程、管程压力、温度变化情况，及时进行调整； 5. 投用时小心导热油高温烫伤	按照程序进行投运	1. 未口述扣2分； 2. 管程、壳程投用顺序错误扣50分； 3. 未缓慢、侧身打开阀门扣2分；未倾听进液声音扣2分；未观察压力表压力扣2分； 4. 当压力上升到一定时，未打开出口阀门扣10分； 5. 出口阀门打开过快或没有控制升温速度扣10分； 6. 未观察加热器管程、壳程压力、温度变化情况扣5分	50		
4	再生气加热器投用后检查	1. 待加热器运行正常后检查加热器压力、温度是否在规定范围值内，压力表指针是否在量程1/3~2/3之间； 2. 压力、温度读值方法（三点一线）； 3. 检查加热器是否有“跑、冒、滴、漏”现象	按照要求进行检查	1. 未检查加热器压力、温度扣5分，漏检查一处扣2分，未在规定量程内扣2分； 2. 压力、温度读值方法不正确，一次扣2分； 3. 未检查加热器“跑、冒、滴、漏”现象扣5分	15		

续表

序号	考核内容	操作规程	评分要素	评分标准	配分	扣分	得分
5	填写报表	1. 记录加热器管程、壳程进出口压力、温度； 2. 记录加热器投用时间	记录参数	1. 不记录压力、温度，一处扣2分；填写错误，一处扣2分； 2. 压力、温度读值不正确，一次扣2分； 3. 不记录加热器投用时间扣2分	5		
6	清理场地	清洁现场，收拾工具，做好相应记录	收拾工具，清洁场地	1. 未回收工具扣5分； 2. 少收一件扣2分； 3. 未清理现场，从总分中扣5分	5		
7	安全文明操作	1. 遵守国家或企业有关安全规定； 2. 操作过程中严格遵守“四不伤害”原则	遵守国家或企业有关安全规定	1. 每违反一项规定，从总分中扣5分； 2. 严重违规取消考核； 3. 换热器管程、壳程投用顺序错误停止操作； 4. 因操作不当造成人身伤害，从总分中扣20分； 5. 不正确使用工具、用具，扣分项在安全文明操作项内扣除，一次扣2分，最多扣20分			
备注							
合 计					100		

考评员： 核分员： 年 月 日

二十二、轻烃取样操作

1. 考核要求

(1) 必须穿戴劳动保护用品。

(2) 工具、量具、用具准备齐全，正确使用。

(3) 操作规程符合安全文明操作。

(4) 按规定完成操作项目，质量达到技术要求。

(5) 操作完毕，做到“工完、料净、场地清”。

2. 准备要求

(1) 设备准备：

序　号	名　称	规　格	数　量	备　注
1	取样流程管线		1 套	

(2) 材料准备：

序　号	名　称	规　格	数　量	备　注
1	大布		若干	
2	手套		若干	
3	笔		1 支	
4	取样标签		若干	

(3) 工具、用具准备：

序　号	名　称	规　格	数　量	备　注
1	取样钢丝软管		1 根	按取样要求
2	取样钢瓶		1 个	按取样要求
3	活动扳手	250mm	1 把	
4	接油盒		1 个	
5	四合一检测仪		1 台	

3. 操作程序说明

1）检查工具、用具、量具

检查各工具、用具及量具的可用性，须符合本次操作使用要求。

2）取样前准备

（1）选取取样点后按需要摆放工具、用具及材料。

（2）选择正确的操作位置(室外：上风口；室内：提前 0.5h 打开轴流风机通风)。

（3）完整、准确、清晰的填写取样标签(填写内容：时间、地点、介质、取样人、分析项目)。

（4）取样时观察脱丁烷塔压力、温度，稳定 30min 以上。

3）取轻烃样

（1）取样点与取样管线连接，冲洗取样管线，3~5s。

（2）关闭取样控制阀，连接好取样器后，取样器直立。进口阀在下部，打开取样器控制阀、进出口阀进行置换，置换至少进行 3 次。最后一次应将取样器进出口阀关闭，关闭控制阀，卸下取样器，将取样器倒置打开进口阀，将试样完全排出。

（3）置换完毕后，连接好取样器，打开控制阀和进口阀，使试样充满取样器，以直立状态将取样器出口端的阀位于顶部，稍微打开出口阀，使过量的液体流出，当刚刚见液体出现时，立即关闭出口阀。

（4）取样量应为钢瓶的 85%~95%。

（5）取样结束，关闭控制阀，关闭钢瓶进出口阀，打开放空阀泄压后，拆除取样软管，恢复取样口。

4）清理场地

（1）清洁现场，处理污油，收拾、清洁工具、用具。

（2）整理安置轻烃样品，做好相应记录。

4. 考核规定说明

（1）如发现操作过程中可能发生重大违章(如人身伤害、环境污染、设备损坏等)，将终止操作。

（2）考核采用百分制，考核项目得分按鉴定比重进行折算。

（3）考核方式说明：本项目为实际操作题，考核过程按评分标准及操作过程进行评分。

（4）测量技能说明：本项目主要测试考生对轻烃取样技能掌握的熟练程度。

5. 考核时限

（1）准备工作：1min(不计入考核时间)。

（2）正式操作时间：每项 15min。

（3）提前完成操作不加分，到时终止操作考核。

6. 评分记录表

轻烃取样操作评分记录表

操作时间：15min　　　　考生：　　　　操作用时：

序号	考核内容	操作规程	评分要素	评分标准	配分	扣分	得分
1	准备及检查	1. 穿戴好劳动保护用品； 2. 准备工具：大布、手套、取样标签、取样软管、钢瓶笔、四合一检测仪	准备并检查工具、量具、用具及材料	1. 劳保穿戴不整齐扣5分； 2. 未准备工具及材料扣10分，多、少准备一件扣1分； 3. 未检查取样钢瓶、取样软管是否完好扣5分； 4. 未检查四合一检测仪扣5分	10		
2	取样前准备	1. 选取取样点后按需要摆放工具、用具及材料； 2. 选择正确的操作位置(室外：上风口；室内：提前0.5h打开轴流风机通风)； 3. 完整、准确、清晰的填写取样标签(填写内容：时间、地点、介质、取样人、分析项目)； 4. 取样时观察脱丁烷塔压力、温度，稳定30min以上	做好取样前的准备工作	1. 取样点选择错误扣20分； 2. 室外未在上风口(室内未提前半小时打开轴流风机通风)取样扣20分； 3. 少填、错填、涂改一处扣2分； 4. 未填写标签扣10分； 5. 脱丁烷塔参数一项不正确扣5分，稳定时间不够扣10分	30		
3	取样	1. 取样点与取样管线连接，冲洗取样管线，3~5s； 2. 关闭取样控制阀，连接好取样器后，打开控制阀、取样器进出口阀进行置换，置换至少进行3次；最后一次应将取样器进出口阀关闭，关闭控制阀，卸下取样器，将取样器倒置打开进口阀，将试样完全排出； 3. 置换完毕后，连接好取样器，打开控	按照要求进行取样	1. 取样管连接不正确扣5分，未冲洗取样管扣5分，冲洗时间不符合要求扣5分； 2. 未关闭控制阀，连接取样器扣10分，试样置换不正确或不符合要求扣20分，试样未排出，此项操作不得分； 3. 未连接好取样器扣5分，未打开取样控制阀或进口阀，一处扣5分；未使取样器出口处于直立状态扣10分；未微开出口阀扣5分；未见到液体溢出，关闭出口阀，扣10分； 4. 取样量不符合要求扣20分； 5. 取样后未关闭控制阀或钢瓶进出口阀，一处扣5分；未拆除取样软管扣5分；未恢复取样口扣10分	55		

续表

序号	考核内容	操作规程	评分要素	评分标准	配分	扣分	得分
3	取样	制阀和进口阀，使试样充满取样器，以直立状态将取样器出口端的阀位于顶部，稍微打开出口阀，使过量的液体流出，当刚刚见液体出现时，立即关闭出口阀； 4. 取样量应为钢瓶的85%~95%； 5. 取样结束，关闭控制阀，关闭钢瓶进出口阀，拆除取样软管，恢复取样口					
4	清理现场	收拾工具、用具，清洁现场，清除接油盒内的油污	收拾工具，清洁场地	1. 未清理现场扣2分； 2. 工具少收一件扣2分；未清除接油盒内的油污扣3分	5		
5	安全文明操作	1. 遵守国家或企业有关安全规定； 2. 操作过程中严格遵守“四不伤害”原则	遵守国家或企业有关安全规定	1. 每违反一项规定，从总分中扣5分； 2. 因操作不当造成人身伤害，从总分中扣20分； 3. 严重违规取消考核； 4. 不正确使用工具、用具，扣分项在安全文明操作项内扣除，一次扣2分，最多扣20分			
备注							
			合计		100		

考评员：　　　　　　　　核分员：　　　　　　　　年　月　日

二十三、机械过滤器投运操作

1. 考核要求

（1）必须穿戴劳动保护用品。
（2）工具、量具、用具准备齐全，正确使用。
（3）操作规程符合安全文明操作。
（4）按规定完成操作项目，质量达到技术要求。
（5）操作完毕，做到“工完、料净、场地清”。

2. 准备要求

（1）设备准备：

序　号	名　称	规　格	数　量	备　注
1	机械过滤器		1台	

（2）材料准备：

序　号	名　称	规　格	数　量	备　注
1	大布		若干	
2	手套		若干	
3	泡沫水		1瓶	

（3）工具、用具准备：

序　号	名　称	规　格	数　量	备　注
1	活动扳手	375mm	2把	
2	F扳手		1把	
3	接油盒		1个	
4	正压式呼吸器		1具	
5	四合一检测仪		1台	

3. 操作程序说明

1）检查工具、用具、量具
检查各工具、用具及量具的可用性，须符合本次操作使用要求。
2）投运前准备
（1）佩戴正压式呼吸器，做好个人安全防护。
（2）投运前对流程进行确认。

（3）检查温度计在有效期内，表壳有无破损裂痕，刻度是否清晰，指针有无松动现象。

（4）检查压力表在有效期内，量程在 1/3～2/3 之间，铅封是否完好，表壳有无破损裂痕，刻度是否清晰，指针有无松动。

（5）检查安全阀校验铭牌在有效期内，铅封是否完好，本体有无破损裂痕，根部阀全开并打铅封。

（6）对过滤器进行试压并合格。

3）过滤器投运

（1）缓慢打开机械过滤器进口阀、打开排气阀进行排气。

（2）排完气体后，打开机械过滤器出口阀门。

（3）检查过滤器进出口压力。

4）投运后检查

（1）检查各连接部位无渗漏。

（2）检查进出口压力及进出口压差在规定的范围内。

5）清理场地、记录参数

（1）清洁现场，处理污油水，收拾、清洁工具、用具。

（2）记录参数。

4. 考核规定说明

（1）如发现操作过程中可能发生重大违章（如人身伤害、环境污染、设备损坏等），将终止操作。

（2）考核采用百分制，考核项目得分按鉴定比重进行折算。

（3）考核方式说明：本项目为实际操作题，考核过程按评分标准及操作过程进行评分。

（4）测量技能说明：本项目主要测试考生对机械过滤器投运技能掌握的熟练程度。

5. 考核时限

（1）准备工作：1min（不计入考核时间）。

（2）正式操作时间：每项 10min。

（3）提前完成操作不加分，到时终止操作考核。

6. 评分记录表

机械过滤器投运操作评分记录表

操作时间：15min　　　　考生：　　　　操作用时：

序号	考核内容	操作规程	评分要素	评分标准	配分	扣分	得分
1	准备及检查	1. 穿戴好劳动保护用品； 2. 准备工具：大布、手套、泡沫水、活动扳手、F 扳手、接油盒、四合一检测仪、正压式呼吸器	准备并检查工具、量具、用具及材料	1. 劳保穿戴不整齐扣 5 分； 2. 未准备工具及材料扣 10 分，多、少准备一件扣 2 分； 3. 未检查四合一检测仪扣 5 分； 4. 未检查正压式呼吸器扣 5 分	10		

续表

序号	考核内容	操作规程	评分要素	评分标准	配分	扣分	得分
2	投运前准备	1. 佩戴正压式呼吸器，做好个人安全防护； 2. 投运前对流程进行确认； 3. 检查温度计在有效期内，表壳有无破损裂痕，刻度是否清晰，指针有无松动现象； 4. 检查压力表在有效期内，量程在1/3~2/3之间，铅封是否完好，表壳有无破损裂痕，刻度是否清晰，指针无松动； 5. 检查安全阀校验铭牌在有效期内，铅封是否完好，本体有无破损裂痕，根部阀全开并打铅封； 6. 对过滤器进行试压并合格	做好安全防护，投运前流程、阀门确认	1. 未佩戴正压式呼吸器或未建立有效呼吸，终止操作； 2. 流程未进行确认扣20分； 3. 开关阀门未侧身，一处扣3分； 4. 压力表、温度计、安全阀少检查一项扣3分	45		
3	过滤器投运	1. 缓慢打开机械过滤器进口阀、打开排气阀进行排气； 2. 排完气体后，打开机械过滤器出口阀门； 3. 检查过滤器进出口压力	投运过滤器正常流程	1. 未打开过滤器进口阀门扣10分； 2. 未进行排气扣10分； 3. 未检查进出口压力扣5分； 4. 未侧身打开阀门扣3分	20		
4	清理现场	收拾工具、用具，清洁现场，清除接油盒内的油污	收拾工具，清洁场地	1. 未清理现场扣2分； 2. 工具少收一件扣2分；3. 未清除接油盒内的油污扣3分	5		
5	安全文明操作	1. 遵守国家或企业有关安全规定； 2. 操作过程中严格遵守“四不伤害”原则	遵守国家或企业有关安全规定	1. 每违反一项规定，从总分中扣5分； 2. 因操作不当造成人身伤害，从总分中扣20分； 3. 严重违规取消考核； 4. 不正确使用工具、用具，扣分项在安全文明操作项内扣除，一次扣2分，最多扣20分			
备注							
合　计					100		

考评员：　　　　　　　　核分员：　　　　　　　　年　月　日

二十四、球罐倒罐操作

1. 考核要求

（1）必须穿戴劳动保护用品。
（2）工具、量具、用具准备齐全，正确使用。
（3）操作规程符合安全文明操作。
（4）按规定完成操作项目，质量达到技术要求。
（5）操作完毕，做到“工完、料净、场地清”。

2. 准备要求

（1）设备准备：

序　号	名　称	规　格	数　量	备　注
1	球罐		2 台	

（2）材料准备：

序　号	名　称	规　格	数　量	备　注
1	手套		若干	
2	记录纸		1 张	
3	报表夹		1 个	

（3）工具、用具准备：

序　号	名　称	规　格	数　量	备　注
1	防爆对讲机		1 部	
2	F 扳手		1 把	
3	四合一检测仪		1 台	

3. 操作程序说明

1）检查工具、用具、量具
检查各工具、用具及量具的可用性，须符合本次操作使用要求。
2）口述倒罐条件
（1）生产罐储量将达到罐体有效容积的 85%。
（2）装车作业时，槽车充装量不足。

（3）其中一个罐故障或生产需求。

3）倒罐前确认

（1）记录倒罐前压力、液位、温度。

（2）确认倒罐前生产罐与非生产罐阀门状态。

4）倒罐

倒罐，并记录倒罐后压力、液位、温度。

5）清理场地

清洁现场，收拾、清洁工具、用具。

4. 考核规定说明

（1）如发现操作过程中可能发生重大违章（如人身伤害、环境污染、设备损坏等），将终止操作。

（2）考核采用百分制，考核项目得分按鉴定比重进行折算。

（3）考核方式说明：本项目为实际操作题，考核过程按评分标准及操作过程进行评分。

（4）测量技能说明：本项目主要测试考生对球罐倒罐技能掌握的熟练程度。

5. 考核时限

（1）准备工作：1min（不计入考核时间）。

（2）正式操作时间：每项 10min。

（3）提前完成操作不加分，到时终止操作考核。

6. 评分记录表

球罐倒罐操作评分记录表

操作时间：10min　　考生：　　操作用时：

序号	考核内容	操作规程	评分要素	评分标准	配分	扣分	得分
1	准备及检查	1. 穿戴好劳动保护用品； 2. 准备工具：手套、对讲机、F 扳手、记录纸、报表夹、笔、四合一检测仪	准备并检查工具、量具、用具及材料	1. 劳保穿戴不整齐扣 5 分； 2. 未准备工具及材料扣 10 分，多、少准备一件扣 2 分； 3. 未检查对讲机扣 5 分； 4. 未检查四合一检测仪扣 10 分	15		
2	倒罐条件	口述倒罐条件： 1. 生产罐储量将达到罐体有效容积的 85%； 2. 装车作业时，槽车充装量不足； 3. 其中一个罐故障或生产需求，本次操作为生产罐液位达到倒罐需求的操作	口述倒罐条件	未口述本项不得分，口述少一项扣 5 分	15		

续表

序号	考核内容	操作规程	评分要素	评分标准	配分	扣分	得分
3	倒罐前确认	1. 记录倒罐前生产罐与备用罐液位、压力、温度； 2. 确认液化气生产罐进口阀开启状态、出口阀、装车阀、回流阀为关闭状态； 3. 确认液化气备用罐进口阀、出口阀、装车阀、回流阀为关闭状态	记录倒罐前液位、压力，确认倒罐前生产罐与非生产罐阀门状态	1. 未记录倒罐前液位、压力、温度，一处扣2分； 2. 未确认出口阀门处于关闭状态或未调整扣10分； 3. 未确认进口阀门处于打开状态或未调整扣10分； 4. 未确认非生产罐进出口阀门处于关闭状态或未调整扣10分	35		
4	倒罐	1. 对讲通知中控打开备用罐切断阀； 2. 手动打开备用罐生产进口阀； 3. 对讲通知中控关闭生产罐切断阀； 4. 关闭原生产罐生产进口手动阀； 5. 记录倒罐后的液位、压力、温度； 6. 对流程确认检查，无误后方可离开	倒罐，并记录倒罐后压力、液位	1. 未对讲通知打开非生产罐进口切断阀扣10分； 2. 未对讲通知关闭生产罐切断阀扣10分； 3. 未记录倒罐后压力、液位、温度，一处扣2分； 4. 倒罐后未确认检查流程扣5分	30		
5	清理现场	收拾工具、用具，清洁现场	收拾工具，清洁场地	1. 未清理现场扣除2分； 2. 工具少收一件扣除2分	5		
6	安全文明操作	1. 遵守国家或企业有关安全规定； 2. 操作过程中严格遵守“四不伤害”原则	遵守国家或企业有关安全规定	1. 每违反一项规定，从总分中扣5分； 2. 因操作不当造成人身伤害，从总分中扣20分； 3. 严重违规取消考核； 4. 不正确使用工具、用具，扣分项在安全文明操作项内扣除，一次扣2分，最多扣20分			
备注							
合计					100		

考评员： 核分员： 年 月 日

二十五、液化气充装操作

1. 考核要求

（1）必须穿戴劳动保护用品。

（2）工具、量具、用具准备齐全，正确使用。

（3）操作规程符合安全文明操作。

（4）按规定完成操作项目，质量达到技术要求。

（5）操作完毕，做到"工完、料净、场地清"。

2. 准备要求

（1）设备准备：

序　号	名　称	规　格	数　量	备　注
1	液化气装车鹤管		1 套	符合安全要求
2	液化气槽车		1 辆	符合安全要求

（2）材料准备：

序　号	名　称	规　格	数　量	备　注
1	大布		若干	
2	手套		若干	

（3）工具、用具准备：

序　号	名　称	规　格	数　量	备　注
1	防爆 F 扳手		1 把	
2	对讲机		1 部	
3	四合一检测仪		1 台	

3. 操作程序说明

1）检查工具、用具、量具

检查各工具、用具及量具的可用性，须符合本次操作使用要求。

2）充装前检查

（1）地磅显示与空磅一致。

（2）过磅后空磅车辆不得装卸物品。

（3）进站人员劳保穿戴规范，熟知安全须知。

（4）充装人员、驾驶员及车辆信息核实登记和票据信息。

（5）核实充装量。

（6）检查灭火器、防火罩合格。

（7）上述条件满足后，车辆方可进入装车位，并停车、熄火。

（8）设置车辆警戒桩。

（9）槽车轮前后放置枕木。

（10）规范连接静电接地。

（11）收车钥匙，规范人员及车辆。

3）充装

（1）连接静电接地，灭火器摆放到位。

（2）规范连接液化气鹤管气、液接头。

（3）检查各连接部位无渗无漏。

（4）测试切断阀的可靠性。

（5）触摸屏显示“空闲”后，点击“确认”后显示“提单”，再按“确认”，然后进入发料界面，输入装车量后点击确认。

（6）通知储运岗人员启动装车泵，进行循环脱气。

（7）脱气完毕后，点击“启动”按钮，开始装车。

（8）观察装车切断阀开度是否在30%，回流切断阀开度70%，单控制屏显示充装量达到200kg后，装车切断阀全开，回流切断阀全关。

（9）熟知装车气相平衡阀门打开条件。

（10）根据流量计显示瞬时流量数据，通知储运岗调整瞬时流量。

（11）装车量达到设定值后，回流切断阀自动打开，装车切断阀自动关闭后，通知储运岗停装车泵。

（12）关闭装车流程阀门，泄压后断开鹤管与槽车连接。

（13）打好铅封，记录铅封号。

（14）根据要求，油品静止后通知驾驶员启动车辆，取下静电接地，取出枕木，移开警戒桩，车辆开出装车场。

4）充装后交接

（1）填写充装记录。

（2）押运过磅，留取票据。

5）清理场地

清洁现场，处理污油水，收拾、清洁工具、用具。

4. 考核规定说明

（1）如发现操作过程中可能发生重大违章（如人身伤害、环境污染、设备损坏等），将终止操作。

（2）考核采用百分制，考核项目得分按鉴定比重进行折算。

（3）考核方式说明：本项目为实际操作题，考核过程按评分标准及操作过程进行评分。

（4）测量技能说明：本项目主要测试考生对液化气充装技能掌握的熟练程度。

5. 考核时限

（1）准备工作：1min（不计入考核时间）。

（2）正式操作时间：每项 60min。

（3）提前完成操作不加分，到时终止操作考核。

6. 评分记录表

液化气充装操作评分记录表

操作时间：60min　　考生：　　操作用时：

序号	考核内容	操作规程	评分要素	评分标准	配分	扣分	得分
1	准备及检查	1. 穿戴好劳动保护用品； 2. 准备工具：大布、手套、防爆 F 扳手、对讲机、四合一检测仪	准备并检查工具、量具、用具及材料	1. 劳保穿戴不整齐扣 5 分； 2. 未准备工具及材料扣 10 分，多、少准备一件扣 2 分； 3. 未检查对讲机扣 5 分； 4. 未检查四合一检测仪扣 5 分	10		
2	充装前检查	1. 地磅显示和调拨单上空车过磅量一致； 2. 核实过磅后空磅车辆不得装卸物品； 3. 进站人员劳保穿戴规范，熟知安全须知； 4. 押运人员、驾驶员、票据信息及车辆信息核实登记； 5. 核实充装量； 6. 检查灭火器、防火罩合格； 7. 对车辆罐体进行外观检查； 8. 上述条件满足后，车辆方可进入装车位，并停车、熄火；设置车辆警戒桩； 9. 槽车轮前后放置枕木； 10. 检查静电接地，规范连接静电接地； 11. 收车钥匙，规范人员及车辆	按照要求进行检查	1. 未监督过磅扣 5 分，地磅显示和调拨单上空车过磅量一不一致，终止操作； 2. 未押运空车至装车台扣 5 分；过磅后空车装卸任何物品扣 5 分； 3. 未检查进站人员劳保穿戴扣 5 分；未进行安全告知扣 5 分；未核实、填写信息一处扣 2 分； 4. 未核实充装量扣 5 分；未检查灭火器扣 5 分；未检查防火罩扣 5 分； 5. 未检查罐体扣 5 分；未设置警戒桩扣 5 分； 8. 未设置车辆警戒桩扣 5 分；未放置枕木扣 5 分； 6. 未连接静电接地或静电接地连接不符合要求扣 5 分； 7. 未收钥匙或装车期间发动车辆扣 5 分；驾驶员在充装期间离开车辆扣 5 分	35		

续表

序号	考核内容	操作规程	评分要素	评分标准	配分	扣分	得分
3	充装	1. 连接静电接地； 2. 连接液化气鹤管气、液接头； 3. 检查连接部位无渗无漏； 4. 测试切断阀的可靠性； 5. 触摸屏显示“空闲”后，点击“确认”后显示“提单”，再按“确认”，然后进入发料界面，输入装车量后点击确认； 6. 通知储运岗人员启动装车泵，进行循环脱气； 7. 脱气完毕后，点击“启动”按钮，开始装车； 8. 观察装车切断阀开度是否在 30%，，回流切断阀开度 70%，单控制屏显示充装量达到 200kg 后，装车切断阀全开，回流切断阀全关； 9. 按规定打开气相平衡阀； 10. 根据流量计显示瞬时流量数据，通知储运岗调整瞬时流量； 11. 装车量达到设定值后，回流切断阀自动打开，装车切断阀自动关闭后，通知储运岗停装车泵； 12. 关闭装车流程阀门，泄压后断开鹤管与槽车连接； 13. 打好铅封，记录铅封号； 14. 根据要求，油品静止后通知驾驶员启动车辆，取下静电接地，取出枕木，移开警戒桩，车辆开出装车场	重装操作	1. 未连接静电接地扣 5 分； 2. 未按照要求连接接头扣 10 分； 3. 未检查连接部位，一处扣 2 分； 4. 未测试切断阀扣 5 分； 5. 不会设置充装量扣 15 分； 6. 未进行循环脱气扣 5 分； 7. 未装车该项不得分； 8. 未检查切断阀状态扣 5 分； 9. 不知道气相平衡阀打开条件扣 5 分； 10. 不会调节流量扣 5 分； 11. 未确认切断阀扣 5 分；未通知储运岗停装车泵扣 10 分； 12. 未关闭装车流程阀门扣 5 分；未泄压扣 3 分；未断开鹤管与槽车连接扣 10 分； 13. 未打好铅封，记录铅封号扣 5 分； 14. 油品未静止扣 3 分；未取下静电接地、取出枕木、移开警戒桩扣 5 分	35		

续表

序号	考核内容	操作规程	评分要素	评分标准	配分	扣分	得分
4	充装后交接	1. 填写充装记录； 2. 押运过磅，留取票据	按照要求进行交接	1. 未填写记录或填写不全扣5分； 2. 未押运过磅扣5分；未留取票据扣10分	15		
5	清理现场	收拾工具、用具，清洁现场	收拾工具，清洁场地	1. 未清理现场扣除2分； 2. 工具少收一件扣除2分	5		
6	安全文明操作	1. 遵守国家或企业有关安全规定； 2. 操作过程中严格遵守“四不伤害”原则	遵守国家或企业有关安全规定	1. 每违反一项规定，从总分中扣5分； 2. 因操作不当造成人身伤害，从总分中扣20分； 3. 严重违规取消考核； 4. 不正确使用工具、用具，扣分项在安全文明操作项内扣除，一次扣2分，最多扣20分			
备注							
合　计					100		

考评员：　　　　核分员：　　　　年　月　日

二十六、轻烃充装操作

1. 考核要求

(1) 必须穿戴劳动保护用品。
(2) 工具、量具、用具准备齐全，正确使用。
(3) 操作规程符合安全文明操作。
(4) 按规定完成操作项目，质量达到技术要求。
(5) 操作完毕，做到“工完、料净、场地清”。

2. 准备要求

(1) 设备准备：

序 号	名 称	规 格	数 量	备 注
1	液化气装车鹤管		1套	符合安全要求
2	液化气槽车		1辆	符合安全要求

(2) 材料准备：

序 号	名 称	规 格	数 量	备 注
1	大布		若干	
2	手套		若干	

(3) 工具、用具准备：

序 号	名 称	规 格	数 量	备 注
1	防爆 F 扳手		1把	
2	对讲机		1部	
3	四合一检测仪		1台	

3. 操作程序说明

1) 检查工具、用具、量具
检查各工具、用具及量具的可用性，须符合本次操作使用要求。
2) 充装前检查
(1) 地磅显示与空磅一致。
(2) 过磅后空磅车辆不得装卸物品。

(3) 进站人员劳保穿戴规范，熟知安全须知。

(4) 充装人员、驾驶员及车辆信息核实登记和票据信息。

(5) 核实充装量。

(6) 检查灭火器、防火罩合格。

(7) 上述条件满足后，车辆方可进入装车位，并停车、熄火。

(8) 设置车辆警戒桩。

(9) 槽车轮前后放置枕木。

(10) 规范连接静电接地。

(11) 收车钥匙，规范人员及车辆。

3) 充装

(1) 连接静电接地，灭火器摆放到位。

(2) 规范连接液化气鹤管气、液接头。

(3) 检查各连接部位无渗无漏。

(4) 测试切断阀的可靠性。

(5) 触摸屏显示“空闲”后，点击“确认”后显示“提单”，再按“确认”，然后进入发料界面，输入装车量后点击确认。

(6) 通知储运岗人员启动装车泵，进行循环脱气。

(7) 脱气完毕后，点击“启动”按钮，开始装车。

(8) 观察装车切断阀开度是否在 30%，回流切断阀开度 70%，单控制屏显示充装量达到 200kg 后，装车切断阀全开，回流切断阀全关。

(9) 熟知装车气相平衡阀门打开条件。

(10) 根据流量计显示瞬时流量数据，通知储运岗调整瞬时流量。

(11) 装车量达到设定值后，回流切断阀自动打开，装车切断阀自动关闭后，通知储运岗停装车泵。

(12) 关闭装车流程阀门，泄压后断开鹤管与槽车连接。

(13) 打好铅封，记录铅封号。

(14) 根据要求，油品静止后通知驾驶员启动车辆，取下静电接地，取出枕木，移开警戒桩，车辆开出装车场。

4) 充装后交接

(1) 填写充装记录。

(2) 押运过磅，留取票据。

5) 清理场地

清洁现场，处理污油水，收拾、清洁工具、用具。

4. 考核规定说明

(1) 如发现操作过程中可能发生重大违章(如人身伤害、环境污染、设备损坏等)，将终止操作。

(2) 考核采用百分制，考核项目得分按鉴定比重进行折算。

(3) 考核方式说明：本项目为实际操作题，考核过程按评分标准及操作过程进行评分。

(4) 测量技能说明：本项目主要测试考生对液化气充装技能掌握的熟练程度。

5. 考核时限

(1) 准备工作：1min(不计入考核时间)。
(2) 正式操作时间：每项60min。
(3) 提前完成操作不加分，到时终止操作考核。

6. 评分记录表

轻烃充装操作评分记录表

操作时间：60min　　　　考生：　　　　操作用时：

序号	考核内容	操作规程	评分要素	评分标准	配分	扣分	得分
1	准备及检查	1. 穿戴好劳动保护用品； 2. 准备工具：大布、手套、防爆F扳手、对讲机、四合一检测仪	准备并检查工具、量具、用具及材料	1. 劳保穿戴不整齐扣5分； 2. 未准备工具及材料扣10分，多、少准备一件扣2分； 3. 未检查对讲机扣5分； 4. 未检查四合一检测仪扣5分	10		
2	充装前检查	1. 地磅显示和调拨单上空车过磅量一致； 2. 核实过磅后空磅车辆不得装卸物品； 3. 进站人员劳保穿戴规范，熟知安全须知； 4. 押运人员、驾驶员、票据信息及车辆信息核实登记； 5. 核实充装量； 6. 检查灭火器、防火罩合格； 7. 对车辆罐体进行外观检查； 8. 上述条件满足后，车辆方可进入装车位，并停车、熄火；设置车辆警戒桩； 9. 槽车轮前后放置枕木； 10. 检查静电接地，规范连接静电接地； 11. 收车钥匙，规范人员及车辆	按照要求进行检查	1. 未监督过磅扣5分；地磅显示和调拨单上空车过磅量一不一致，终止操作； 2. 未押运空车至装车台扣5分；过磅后空车装卸任何物品扣5分； 3. 未检查进站人员劳保穿戴扣5分；未进行安全告知扣5分； 4. 未核实、填写信息，一处扣2分；未核实充装量扣5分； 5. 未检查灭火器扣5分；未检查防火罩扣5分；未检查罐体扣5分；未设置警戒桩扣5分； 6. 未设置车辆警戒桩扣5分；未放置枕木扣5分； 7. 未连接静电接地或静电接地连接不符合要求扣5分； 8. 未收钥匙或装车期间发动车辆扣5分；驾驶员在充装期间离开车辆扣5分	35		

续表

序号	考核内容	操作规程	评分要素	评分标准	配分	扣分	得分
3	充装	1. 连接静电接地； 2. 规范连接液化气鹤管气、液接头； 3. 检查各连接部位无渗无漏； 4. 测试切断阀的可靠性； 5. 触摸屏显示“空闲”后，点击“确认”后显示“提单”，再按“确认”，然后进入发料界面，输入装车量后点击确认； 6. 通知储运岗人员启动装车泵，进行循环脱气； 7. 脱气完毕后，点击“启动”按钮，开始装车； 8. 观察装车切断阀开度是否在 30%,，回流切断阀开度 70%，单控制屏显示充装量达到 200kg 后，装车切断阀全开，回流切断阀全关； 9. 熟知装车气相平衡阀门打开条件； 10. 根据流量计显示瞬时流量数据，通知储运岗调整瞬时流量； 11. 装车量达到设定值后，回流切断阀自动打开，装车切断阀自动关闭后，通知储运岗停装车泵； 12. 关闭装车流程阀门，泄压后断开鹤管与槽车连接； 13. 打好铅封，记录铅封号； 14. 根据要求，油品静止后通知驾驶员启动车辆，取下静电接地，取出枕木，移开警戒桩，车辆开出装车场	重装操作	1. 未连接静电接地扣 5 分； 2. 未按照要求连接接头扣 10 分； 3. 未检查连接部位，一处扣 2 分； 4. 未测试切断阀扣 5 分； 5. 不会设置充装量扣 15 分； 6. 未进行循环脱气扣 5 分； 7. 未装车，该项不得分； 8. 未检查切断阀状态扣 5 分； 9. 不知道气相平衡阀打开条件扣 5 分； 10. 不会调节流量扣 5 分； 11. 未确认切断阀扣 5 分；未通知储运岗停装车泵扣 10 分； 12. 未关闭装车流程阀门扣 5 分；未泄压扣 3 分；未断开鹤管与槽车连接扣 10 分； 13. 未打好铅封，记录铅封号扣 5 分； 14. 油品未静止扣 3 分；未取下静电接地、取出枕木、移开警戒桩扣 5 分	35		

续表

序号	考核内容	操作规程	评分要素	评分标准	配分	扣分	得分
4	充装后交接	1. 填写充装记录； 2. 押运过磅，留取票据	按照要求进行交接	1. 未填写记录或填写不全扣5分； 2. 未押运过磅扣5分，未留取票据扣10分	15		
5	清理现场	收拾工具、用具，清洁现场	收拾工具，清洁场地	1. 未清理现场扣除2分； 2. 工具少收一件扣除2分	5		
6	安全文明操作	1. 遵守国家或企业有关安全规定； 2. 操作过程中严格遵守“四不伤害”原则	遵守国家或企业有关安全规定	1. 每违反一项规定，从总分中扣5分； 2. 因操作不当造成人身伤害，从总分中扣20分； 3. 严重违规取消考核； 4. 不正确使用工具、用具，扣分项在安全文明操作项内扣除，一次扣2分，最多扣20分			
备注							
合计					100		

考评员： 核分员： 年 月 日

二十七、液化石油气取样操作

1. 考核要求

（1）必须穿戴劳动保护用品。

（2）工具、用具准备齐全，正确使用。

（3）操作规程符合安全文明操作。

（4）按规定完成操作项目，质量达到技术要求。

（5）操作完毕，做到“工完、料净、场地清”。

2. 准备要求

（1）设备准备：

序　号	名　称	规　格	数　量	备　注
1	取样流程		1套	

（2）材料准备：

序　号	名　称	规　格	数　量	备　注
1	手套		1副	
2	取样标签		1张	
3	笔		1支	
4	大布		若干	
5	验漏液		1瓶	

（3）工具、量具、用具准备：

序　号	名　称	规　格	数　量	备　注
1	取样钢瓶		1个	
2	四合一气体检测仪		1台	
3	正压式呼吸器		1具	硫化氢井(站)
4	取样导管		1根	
5	污油桶(盆)		1个	

3. 操作程序说明

1）检查工具、用具、量具

检查各工具、用具及量具的可用性，须符合本次操作使用要求。

2）取样前的准备

（1）按试样所需的试样量及试样本身压力，选择合适的取样容器和取样导管。

（2）检查取样钢瓶在检定期内。

（3）检查取样钢瓶外观完好，两端阀门开关灵活。

（4）检查取样导管密封性能良好。

3）液化石油气取样操作

（1）将取样管与取样器的入口阀、取样点连接好。

（2）依次打开取样点阀，钢瓶入口、出口阀。竖直钢瓶，出口朝上，让气流冲洗钢瓶，置换3次，然后取样直到出口阀有液体流出。置换样品时，不能让空气进入取样钢瓶内。

（3）关闭出口阀，待取样管中液相滞流，关闭入口阀，关取样阀，取下取样管。

（4）将钢瓶直立，入口阀朝下，稍微打开入口阀，放出液化石油气20%容量的液相试样。

（5）在排出规定数量的液化石油气后，使用验漏液检查容器的气密性，如发现泄漏则作废，应重新取样。

（6）拆卸各连接处，检查各阀门是否关严，清理现场。

4）填写报表

记录参数，填写报表。

4. 考核规定说明

（1）如发现操作过程中可能发生重大违章（如人身伤害、环境污染、设备损坏等），将取消操作。

（2）考核采用百分制，考核项目得分按鉴定比重进行折算。

（3）考核方式说明：本项目为实际操作题，考核过程按评分标准及操作过程进行评分。

（4）考评技能说明：本项目主要测试考生对液化石油气取样技能掌握的熟练程度。

5. 考核时限

（1）准备工作：1min（不计入考核时间）。

（2）正式操作时间：15min。

（3）提前完成操作不加分，到时终止操作。

6. 评分记录表

液化石油气取样操作评分记录表

操作时间：15min　　　　考生：　　　　操作用时：

序号	考核内容	操作规程	评分要素	评分标准	配分	扣分	得分
1	准备及检查	1. 穿戴好劳动保护用品； 2. 准备工具：四合一气体检测仪、正压式呼吸器（硫化氢井站）、验漏液、笔、手套、大布取样袋、取样标签、取样导管、污油桶（盆）	1. 准备工具、量具、用具； 2. 按需求选择合适的取样容器和取样导管	1. 劳保穿戴不整齐扣5分； 2. 未准备工具扣5分，多、少一件扣1分； 3. 未检查四合一检测仪扣10分； 4. 未检查正压式呼吸器扣10分	15		

续表

序号	考核内容	操作规程	评分要素	评分标准	配分	扣分	得分
2	取样前准备	1. 按试样所需的试样量及试样本身压力，选择合适的取样容器和取样导管； 2. 检查取样钢瓶在检定期内； 3. 检查取样钢瓶外观完好，两头阀门开关灵活； 4. 检查取样导管密封性能良好； 5. 填写取样标签	填写取样标签、检查钢瓶	1. 不会选择取样容器扣 10 分； 2. 未检查钢瓶，一项扣 5 分； 3. 未检查取样导管扣 5 分； 4. 未填写标签扣 10 分	30		
3	取样	1. 将取样管与取样器的入口阀、取样点连接好； 2. 依次打开钢瓶出口、入口和取样点阀；竖直钢瓶，出口朝上，让气流冲洗钢瓶，置换 3 次，然后取样直到出口阀有液体流出，置换样品时，不能让空气进入取样钢瓶内； 3. 关闭出口阀，待取样管中液相滞流，关闭入口阀，关取样阀，取下取样管； 4. 将钢瓶直立，入口阀朝下，稍微打开入口阀，排出液化石油气 20% 容量的液相试样后； 5. 在排出规定数量的液化石油气后，关闭入口阀，使用验漏液检查容器的气密性，如发现泄漏则作废，应重新取样； 6. 拆卸各连接处，检查各阀门是否关严	按照要求进行取样操作	1. 未检查取样管、取样器、取样口连接情况扣 5 分； 2. 未置换扣 30 分；未按照要求置换扣 10 分；置换次数少一次扣 5 分； 3. 未按照要求关闭取样器阀门扣 5 分；未关闭取样阀门扣 30 分； 4. 未排出取样器 20%液相试样扣 10 分；排出方法不正确扣 5 分； 5. 未检查取样器气密性扣 10 分； 6. 未拆卸取样管、检查取样阀扣 5 分； 7. 未使用污油桶(盆)扣 5 分	50		

续表

序号	考核内容	操作规程	评分要素	评分标准	配分	扣分	得分
4	清理现场	1. 收拾工具、用具，清洁现场； 2. 清除污油桶(盆)内的油污	收拾工具，清洁场地	1. 未清理现场扣2分； 2. 工具少收一件扣2分； 3. 未清理污油桶扣3分	5		
6	安全文明操作	1. 遵守国家或企业有关安全规定； 2. 操作过程中严格遵守“四不伤害”原则	遵守国家或企业有关安全规定	1. 每违反一项规定，从总分中扣5分； 2. 严重违规取消考核； 3. 因操作不当造成人身伤害，从总分中扣20分； 4. 取样结束后未填写取样标签，该项操作不得分； 5. 工具、用具使用不当一次，从总分中扣2分，最多扣20分			
备注							
合　计					100		

考评员：　　　　核分员：　　　　年　月　日

高级工

二十八、热媒炉启炉操作

1. 考核要求

(1) 必须穿戴劳动保护用品。
(2) 工具、量具、用具准备齐全，正确使用。
(3) 操作规程符合安全文明操作。
(4) 按规定完成操作项目，质量达到技术要求。
(5) 操作完毕，做到“工完、料净、场地清”。

2. 准备要求

(1) 设备准备：

序 号	名 称	规 格	数 量	备 注
1	热媒炉		1 台	

(2) 材料准备：

序 号	名 称	规 格	数 量	备 注
1	大布		若干	
2	手套		若干	
3	报表		若干	
4	笔		1 支	

(3) 工具、用具准备：

序 号	名 称	规 格	数 量	备 注
1	四合一气体检测仪		1 台	
2	耳塞		1 副	
3	正压式呼吸器		1 具	
4	F 扳手		1 把	
5	验电笔		1 支	
6	绝缘手套		1 副	
7	标识牌	“运行”“停运”	1 块	

3. 操作程序说明

1）检查工具、用具、量具

（1）检查各工具、用具、量具的可用性，须符合本次操作使用要求。

（2）检查四合一气体检测仪有合格整、校验标签、在有效期内，归零检测。

（3）检查试电笔有合格证书、校验标签在有效期内，外观完好无破损、无受潮或进水。

（4）检查绝缘手套外观完好、无老化、无漏气，有合格证书。

2）启热媒前检查

（1）检查热媒炉流程，无“跑、冒、滴、漏”现象，各阀门的开关状态正常，流程畅通。

（2）供电合上总空开，给控制柜上电。合上控制柜上“系统电源”开关至“开”位置。控制二次回路上电，电源指示灯亮。检查现场 PLC 控制柜显示屏是否有报警信号存在。

（3）检查温度计在有效期内，表壳有无破损裂痕，刻度是否清晰，指针有无松动现象。

（4）检查压力表在有效期内，量程在 1/3～2/3 之间，铅封是否完好，表壳有无破损裂痕，刻度是否清晰，指针有无松动。

（5）检查安全阀校验铭牌在有效期内，铅封是否完好，本体有无破损裂痕，根部阀全开并打铅封。

（6）检查热媒炉供气压力，工作压力在规定范围内（0.6～0.7MPa），燃气压力在规定范围内（8～13kPa）。

（7）检查热媒炉膨胀罐导热油液位在 1/2 处及导热油储罐液位在液位计 1/3～1/2 之间。

（8）导热油循环泵盘泵 3～5 圈。

3）启热媒炉操作

（1）通知“中控”做好启炉准备。

（2）检查热煤炉：复位—报警—复位。

（3）启运热媒炉导热油循环泵，先按照工艺流程操作系统上的相应阀门，确认可以启动系统之后，按控制柜上的 1#、2#启动按钮，启动相应的导热油循环泵，压力控制在 0.45～0.65MPa 之间。

（4）打开燃料气进口阀门。

（5）在 PLC 控制柜上设定导热油温度在 80℃、自动停炉温度在 90℃、自动启炉温度在 70℃。待温度升至 80℃后，运行 30min，再将导热油温度设定在 100℃运行。

（6）把控制柜上的燃烧器控制方式开关拨到手动位置并确认“功率控制开关”在正常位置。

（7）把“运行开关”打至“开”位置进行启炉，启动后把燃烧器控制开关拨到“自动”位置。

（8）待全装置投运正常后，将导热油温度以 50℃/h 的速度上升（设定温度的同时需要修改设定停炉和启炉温度），一直达到现场使用温度 260℃为止。

（9）机组运行正常后，操作人员必须在现场四周巡回检查，待机组平稳后方可离开。

（10）热媒炉运行正常后挂运行标识。

4）填写报表

（1）记录参数，填写数据，字迹应正确、完整、清晰、无涂改。

（2）记录热媒炉进出口压力、温度。

（3）记录热媒炉燃烧器供气压力，燃料气流量计数据。

（4）记录导热油膨胀罐液位、导热油储罐液位。
（5）记录热媒炉设定值。

4. 考核规定说明

（1）如发现操作过程中可能发生重大违章（如人身伤害、环境污染、设备损坏等），将终止操作。
（2）考核采用百分制，考核项目得分按鉴定比重进行折算。
（3）考核方式说明：本项目为实际操作题，考核过程按评分标准及操作过程进行评分。
（4）考评技能说明：本项目主要测试考生对热媒炉启机技能掌握的熟练程度。

5. 考核时限

（1）准备工作：1min（不计入考核时间）。
（2）正式操作时间：30min。
（3）提前完成操作不加分，到时终止操作考核。

6. 评分记录表

热媒炉启炉操作评分记录表

操作时间：30min　　　考生：　　　操作用时：

序号	考核内容	操作规程	评分要素	评分标准	配分	扣分	得分
1	准备	1. 穿戴好劳动保护用品； 2. 准备工具：四合一气体检测仪、正压式呼吸器、耳塞、报表、笔、大布、手套、F扳手	准备工具、量具、用具	1. 劳保穿戴不整齐扣5分； 2. 未准备工具扣5分，多、少一件扣1分； 3. 未检查四合一气体检测仪扣5分，少检查一项扣2分； 4. 未检查试电笔扣5分，少检查一项扣2分； 5. 未检查绝缘手套外观完好、无老化、无漏气，合格证书扣3分	5		
2	启热媒炉前检查	1. 检查热媒炉流程畅通无“跑、冒、滴、漏”现象，各阀门的开关状态正常； 2. 供电合上总空开，给控制柜上电；合上控制柜上“系统电源”开关至“开”位置；控制二次回路上电，电源指示灯亮；检查现场PLC控制柜显示屏是否有报警信号存在；	按照操作规程进行检查	1. 未检查流程启炉，此项不得分；未确认阀门开关状态，一处扣5分； 2. 未检查PLC控制柜报警扣5分，未用试电笔确定控制柜是否漏电扣10分，不会消除报警此项不得分； 3. 未检查温度计、压力表、安全阀，一项扣3分； 4. 未检查热媒炉供气压力扣5分； 5. 未检查热媒炉膨胀罐、导热油储罐液位，一项扣10分； 6. 未按照要求检查导热油循环泵扣5分	20		

续表

序号	考核内容	操作规程	评分要素	评分标准	配分	扣分	得分
2	启热媒炉前检查	3. 检查温度计在有效期内，表壳有无破损裂痕，刻度是否清晰，指针有无松动现象； 4. 检查压力表在有效期内，量程在1/3~2/3之间，铅封是否完好，表壳有无破损裂痕，刻度是否清晰，指针有无松动； 5. 检查安全阀校验铭牌在有效期内，铅封是否完好，本体有无破损裂痕，根部阀全开并打铅封； 6. 检查热媒炉供气压力，工作压力在规定范围内(0.6~0.7MPa)，燃气压力在规定范围内(8~13kPa)； 7. 检查热媒炉膨胀罐导热油液位在1/2处及导热油储罐液位在液位计1/3~1/2之间； 8. 按照导热油循环泵启泵前的检查要求对泵进行检查					
3	启热媒炉	1. 口述：通知“中控”做好启炉准备； 2. 给控制柜供电。合上控制柜上“系统电源”开关至“开”位置；控制二次回路上电，电源指示灯亮；检查热煤炉：复位—报警—复位； 3. 按照启泵要求启动导热油循环泵，流量正常后，压力控制在0.45~0.65MPa之间；	严格按照操作规程操作	1. 未通知中控做好启炉准备口3分； 2. 未用试电笔确定控制柜是否漏电，未戴绝缘手套进行控制柜送电操作扣5分、未检查报警复位扣5分； 3. 未按照启泵要求进行启泵扣10分； 4. 未开燃料气供气阀门扣20分； 5. 不会设定温度扣20分，未口述缓慢升温扣5分，未正确设定温度扣10分； 6. 启燃烧器方式不正确扣10分，	50		

续表

序号	考核内容	操作规程	评分要素	评分标准	配分	扣分	得分
3	启热媒炉	4. 供燃料气，打开燃料气进口阀门； 5. 在PLC控制柜上设定导热油温度在80℃、自动停炉温度90℃、自动启炉温度70℃。待温度升至80℃后，运行30分钟，再将导热油温度设定在100℃运行； 6. 把控制柜上的燃烧器控制方式开关拨到手动位置并确认”“功率控制开关”在正常位置； 7. 把“运行开关”打至“开”位置进行启炉，启动后把燃烧器控制开关拨到“自动”位置； 8. 待全装置投运正常后，将导热油温度以50℃/h的速度上升，（设定温度的同时需要修改设定停炉和启炉温度）一直达到现场使用温度260℃为止； 9. 热媒炉运行正常后挂“运行”标识牌		未确认“功率控制开关”状态口5分； 7. 控制柜上未转换控制方式到自动状态下运行扣10分； 8. 未按正确方式升温扣5分，未设定到现场使用温度扣10分； 9. 未挂运行标识扣5分			
4	启炉后检查	1. 口述：机组运行正常后，操作人员必须在现场四周巡回检查，待机组平稳后方可离开； 2. 检查导热油循环泵是否运行正常，泵进出口压力是否正常； 3. 检查燃烧器是否运行正常； 4. 检查流程各连接处是否有跑冒滴漏； 5. 检查PLC控制柜是否存在报警	严格按照操作规程操作	1. 未口述扣2分； 2. 未检查导热油循环泵运行状态扣5分；未检查泵进出口压力，一处扣2分； 3. 未检查燃烧器运行情况扣5分； 4. 未检查流程跑冒滴漏扣5分； 5. 检查报警信息时扣5分	15		

续表

序号	考核内容	操作规程	评分要素	评分标准	配分	扣分	得分
5	填写记录	1. 记录导热油泵进出口管线压力； 2. 记录导热油进出口温度； 3. 记录热媒炉供气压力； 4. 记录热媒炉设定温度； 5. 压力、温度读值方法(三点一线)； 6. 压力、温度读值应在误差范围内	记录参数，填写数据	1. 不记录压力、温度、液位数值，一处扣5分； 2. 压力、温度读值方法不正确，一次扣2分； 3. 压力、温度数值填错，一处扣2分	10		
6	安全文明操作	1. 遵守国家或企业有关安全规定； 2. 操作过程中严格遵守“四不伤害”原则	遵守国家或企业有关安全规定	1. 每违反一项规定，从总分中扣5分； 2. 因操作不当造成人身伤害，从总分中扣20分； 3. 严重违规取消考核； 4. 不检查安全阀终止操作； 5. 不正确使用工具、用具，扣分项在安全文明操作项内扣除，一次扣2分，最多扣20分			
备注							
合计					100		

考评员： 核分员： 年 月 日

7. 报表

热媒炉操作报表

热媒炉加热系统										
热媒炉燃料气压力/MPa	热媒炉烟道温度/℃	导热油进炉温度/℃	导热油出炉温度/℃	导热油泵进口压力/MPa	导热油泵出口压力/MPa	导热油压差/kPa	导热油进炉压力/MPa	导热油出炉压力/MPa	膨胀罐液位/m	储油罐液位/m

备注：

记录人： 记录时间： 年 月 日

二十九、热媒炉停运操作

1. 考核要求

（1）必须穿戴劳动保护用品。
（2）工具、量具、用具准备齐全，正确使用。
（3）操作规程符合安全文明操作。
（4）按规定完成操作项目，质量达到技术要求。
（5）操作完毕，做到“工完、料净、场地清”。

2. 准备要求

（1）设备准备：

序　号	名　称	规　格	数　量	备　注
1	热媒炉		1台	

（2）材料准备：

序　号	名　称	规　格	数　量	备　注
1	大布		若干	
2	手套		若干	
3	报表		若干	
4	笔		1支	

（3）工具、用具准备：

序　号	名　称	规　格	数　量	备　注
1	四合一气体检测仪		1台	
2	正压式呼吸器		1具	
3	耳塞		1副	
4	试电笔		1支	
5	绝缘手套		1副	
6	标识牌	“运行”“停运”	1块	

3. 操作程序说明

1）检查工具、用具、量具

（1）检查各工具、用具、量具的可用性，须符合本次操作使用要求。

（2）检查四合一气体检测仪有合格整、校验标签、在有效期内，归零检测。

（3）检查试电笔有合格证书、校验标签在有效期内，外观完好无破损、无受潮或进水。

（4）检查绝缘手套外观完好、无老化、无漏气，有合格证书。

2）停炉操作

（1）通知“中控”做好准备停热媒炉。

（2）把控制柜上的燃烧器控制方式开关拨到手动位置，将功率手动调节开关拨到减火位置运行10min，关闭燃烧器“运行开关”打至“关”位置进行停炉，关闭燃气电磁阀进行吹扫后停运风机。

（3）口述：若长期停炉须将燃气总阀关闭，排空管道余气，打开进行放空。

（4）燃烧器停止后，待导热油管网内油温下降到80℃温度按下控制柜上的1#或2#循环泵停止按钮。

（5）关闭导热油循环泵进出口阀。

（6）关闭热媒炉进出口阀门。

（7）口述：紧急停机，直接按下热煤炉上紧急停机按钮。

（8）给控制柜断电。

（9）热媒炉停止运行后挂“停运”标识。

3）填写报表

（1）记录参数，填写数据，字迹应正确、完整、清晰、无涂改。

（2）记录停机时间。

（3）记录停炉原因。

4. 考核规定说明

（1）如发现操作过程中可能发生重大违章（如人身伤害、环境污染、设备损坏等），将终止操作。

（2）考核采用百分制，考核项目得分按鉴定比重进行折算。

（3）考核方式说明：本项目为实际操作题，考核过程按评分标准及操作过程进行评分。

（4）考评技能说明：本项目主要测试考生对热媒炉停运技能掌握的熟练程度。

5. 考核时限

（1）准备工作：1min（不计入考核时间）。

（2）正式操作时间：30min。

（3）提前完成操作不加分，到时终止操作考核。

6. 评分记录表

热媒炉停运操作评分记录表

操作时间：20min　　　　考生：　　　　操作用时：

序号	考核内容	操作规程	评分要素	评分标准	配分	扣分	得分
1	准备	1. 穿戴好劳动保护用品； 2. 准备工具：四合一气体检测仪、正压式呼吸器(硫化氢井站)、报表、笔、大布、手套、F 扳手、验电笔、绝缘手套	准备工具、量具、用具	1. 劳保穿戴不整齐扣 5 分； 2. 未准备工具扣 5 分，多、少一件扣 1 分； 3. 未检查四合一气体检测仪扣 5 分，少检查一项扣 2 分； 4. 未检查试电笔扣 5 分；少检查一项扣 2 分； 5. 未检查绝缘手套外观完好、无老化、无漏气，合格证书扣 2 分	5		
2	停炉操作	1. 口述：通知“中控”做好准备停热媒炉； 2. 把控制柜上的燃烧器控制方式开关拨到手动位置，将功率手动调节开关拨到减火位置运行 10min，关闭燃烧器“运行开关”打至“关”位置进行停炉，关闭燃气电磁阀进行吹扫后停运风机； 3. 口述：若长期停炉须将燃气总阀关闭，排空管道余气，打开进行放空； 4. 停导热油循环泵，燃烧器停止后待导热油管网内油温下降到 80℃温度按下控制柜上的 1#或 2#循环泵停止按钮； 5. 关闭导热油循环泵进口阀； 6. 关闭热媒炉进口阀门； 口述：紧急停机，直接按下热煤炉上紧急停机按钮； 7. 给控制柜断电； 8. 热媒炉停止运行后挂“停运”标识牌	严格按照操作规程操作	1. 未口述通知中控做好停炉准备扣 5 分； 2. 停炉不正确扣 30 分； 3. 未口述：若长期停炉须将燃气总阀关闭，排空管道余气，打开进行放空扣 10 分； 4. 未按照要求停运循环泵扣 10 分； 5. 未关闭循环泵进口阀门，一处扣 10 分； 6. 未关闭热媒炉进出口阀门扣 5 分； 7. 未用试电笔确定控制柜是否漏电，未戴绝缘手套进行控制柜断电操作扣 10 分； 8. 热媒炉停止运行后未挂运行标识扣 2 分	65		

续表

序号	考核内容	操作规程	评分要素	评分标准	配分	扣分	得分
3	填写报表	1. 记录参数，填写数据，字迹应正确、完整、清晰、无涂改； 2. 记录停机时间； 3. 记录停炉原因	记录参数，填写数据	少记录一处扣5分	20		
4	安全文明操作	1. 遵守国家或企业有关安全规定； 2. 操作过程中严格遵守“四不伤害”原则	遵守国家或企业有关安全规定	1. 每违反一项规定，从总分中扣5分； 2. 因操作不当造成人身伤害，从总分中扣20分； 3. 严重违规取消考核； 4. 不检查安全阀终止操作； 5. 不正确使用工具、用具，扣分项在安全文明操作项内扣除，一次扣2分，最多扣20分			
备注							
合　计					100		

考评员：　　　　　　　　核分员：　　　　　　　　年　月　日

7. 报表

热媒炉报表

热媒炉加热系统										
热媒炉燃料气压力/MPa	热媒炉烟道温度/℃	导热油进炉温度/℃	导热油出炉温度/℃	导热油泵进口压力/MPa	导热油泵出口压力/MPa	导热油压差/kPa	导热油进加热炉管网压力/MPa	导热油出加热炉管网压力/MPa	膨胀罐液位/m	储油罐液位/m

备注：

记录人：　　　　　　　　记录时间：　　年　　月　　日

三十、原料气压缩机启机操作

1. 考核要求

(1) 必须穿戴劳动保护用品。

(2) 工具、量具、用具准备齐全，正确使用。

(3) 操作规程符合安全文明操作。

(4) 按规定完成操作项目，质量达到技术要求。

(5) 操作完毕，做到“工完、料净、场地清”。

2. 准备要求

(1) 设备准备：

序　号	名　称	规　格	数　量	备　注
1	压缩机	ZRDSSA-2/ YAKKS603-6	1台	

(2) 材料准备：

序　号	名　称	规　格	数　量	备　注
1	大布		若干	
2	手套		若干	
3	报表		若干	
4	笔		1支	

(3) 工具、用具准备：

序　号	名　称	规　格	数　量	备　注
1	四合一气体检测仪		1台	
2	正压式呼吸器		1具	
3	耳塞		1副	
4	F扳手		1把	
5	验电笔		1支	
6	绝缘手套		1副	
7	标识牌	“运行”“停运”	1块	
8	活动扳手	250mm	1把	

3. 操作程序说明

1）检查工具、用具、量具

（1）检查各工具、用具、量具的可用性，须符合本次操作使用要求。

（2）检查四合一气体检测仪有合格整、校验标签、在有效期内，归零检测。

（3）检查试电笔有合格证书、校验标签在有效期内，外观完好无破损、无受潮或进水。

（4）检查绝缘手套外观完好、无老化、无漏气，有合格证书。

2）启动压缩机前检查

（1）启压缩机时通知中控联系供电部门、各岗位做好相关配合。

（2）给控制柜供电，检查控制柜上有无报警，如有报警需要消除。

（3）检查电源和仪表风是否正常。

（4）检查电动机、压缩机油位是否正常。

（5）检查补水箱水位是否正常。

（6）检查加、卸载阀是否为打开状态应为卸载位置，设备的机械状况是否允许开机，所有人员是否安全撤离(注：如果在冬天主电机绕组加热器电源根据需要投入，机组伴热是直接投入，投运机组控制柜加热器)。

（7）开启压缩机前后切断阀，手动盘车 2~3 圈。

（8）开启预润滑油泵进出口阀门，盘车主电机预润滑油泵 2~3 圈。

（9）开启滑油泵进出扣阀门，盘车压缩机润滑油泵 2~3 圈。

（10）检查冷却风扇皮带有无裂纹、老化。

（11）检查确认“远程/机旁”开关在“机旁”位置，“加载/卸载”开关在“卸载”位置。

（12）触摸“部件测试”标签进入部件测试画面，分别触摸“压缩机预润滑油泵”“主电机润滑油泵”“冷却水泵”“进出口气动开关”“冷却风扇”标签，检查各部件运行是否正常，旋转方向是否正确，按下“试验灯/复位”按钮，给系统复位。

3）启动压缩机

（1）触摸一下“向电厂申请高压”标签，成功后，按下“启动”按钮，进行预润滑。

（2）预润滑完成后，预润滑指示灯闪烁，闪烁约 5 次后自动启动主电机，空载运行 3 ~5min。

（3）当润滑油温度达到设定值时，根据显示屏上提示操作“可进行加载”时，把“加载/卸载”开关旋转至“加载”位置，机组自动加载运行并确认现场“加载/卸载”阀是否正在缓慢关闭。

（4）加载完成后，操作人员必须在现场四周巡回检查，待机组平稳后方可离开，同时做好相关记录。

（5）压缩机运行后正常后挂“运行”标识牌。

4）启机后检查

（1）检查机组一级、二级气缸有无异响。

（2）检查流程是否存在“跑、冒、滴、漏”现象。

（3）检查进出口压力、温度是否正常。

(4) 检查电机绕组 1#、2#、3#号温度是否正常。
(5) 检查现场仪表远传数据是否与 DCS 中控数据一致。
(6) 检查冷却风扇是否有异响。
(7) 检查压缩机空冷器百叶窗是否连接牢固。
(8) 检查各连接部位栓有无松动。
5) 填写报表
(1) 记录参数，填写数据，字迹应正确、完整、清晰、无涂改。
(2) 记录原料气压缩机一级、二级排气进出口压力、温度。
(3) 记录原料气压缩机 1#、2#、3#绕组温度。
(4) 记录原料气压缩机驱动端与非驱动端的温度。

4. 考核规定说明

(1) 如发现操作过程中可能发生重大违章(如人身伤害、环境污染、设备损坏等)，将终止操作。
(2) 考核采用百分制，考核项目得分按鉴定比重进行折算。
(3) 考核方式说明：本项目为实际操作题，考核过程按评分标准及操作过程进行评分。
(4) 考评技能说明：本项目主要测试考生对原料气压缩机启机技能掌握的熟练程度。

5. 考核时限

(1) 准备工作：1min(不计入考核时间)。
(2) 正式操作时间：30min。
(3) 提前完成操作不加分，到时终止操作考核。

6. 评分记录表

原料气压缩机启机操作评分记录表

操作时间：30min　　考生：　　操作用时：

序号	考核内容	操作规程	评分要素	评分标准	配分	扣分	得分
1	准备	1. 穿戴好劳动保护用品； 2. 准备工具：四合一气体检测仪、正压式呼吸器(硫化氢井站)、报表、笔、大布、绝缘手套、F 扳手	准备工具、量具、用具	1. 劳保穿戴不整齐扣 5 分； 2. 未准备工具扣 5 分，多、少一件扣 1 分； 3. 未检查四合一气体检测仪、试电笔、绝缘手套，一项扣 2 分	5		
2	启原料气压缩机前检查操作	1. 给控制柜供电； 2. 打开压缩机进出口阀门； 3. 检查各气源压力，包括工艺气、电	1. 检查流程各阀门开关状态； 2. 测试部件流程检查、阀门开关状态检查、报	1. 未用试电笔确定控制柜是否漏电，未戴绝缘手套进行控制柜送(断)电操作扣 5 分； 2. 少检查一项扣 2 分； 3. 未盘车扣 10 分；	20		

续表

序号	考核内容	操作规程	评分要素	评分标准	配分	扣分	得分
2	启原料气压缩机前检查操作	源和仪表风是否正常，电动机、压缩机油位是否正常，补水箱水位是否正常；加、卸载阀是否为打开状态，设备的机械状况是否允许开机，所有人员是否安全撤离（注：如果在冬天主电机绕组加热器电源根据需要投入，机组伴热是直接投入）； 4. 开启压缩机前后切断阀，手动盘车 2~3 圈、盘车主电机润滑油泵 2~3 圈、盘车压缩机预润滑油泵 2~3 圈； 5. 确认“远程/机旁”开关在“机旁”位置，“加载/卸载”开关在“卸载”位置并检查现场“加载/卸载”阀开的状态； 6. 闭合控制柜“电源”转换开关，给 PLC 触摸屏送电，此时“电源”指示灯亮，并等待 10s 左右，PLC 触摸屏才能完成上电自检的过程； 7. 如果气温低，旋转控制柜上“加热控制”开关给控制柜内腔加热（低于 15℃ 加热，高于 35℃ 停，自动控制）； 8. 检查“PLC”触摸屏上是否有报警信号存在，如有则先解决问题； 9. 根据复位→检查报警→处理存在报警	警检查是否到位	4. 未确认开关位置，一处扣 5 分； 5. 未正确供电扣 5 分； 6. 未口述在低温天气开启加热器扣 5 分； 7. 未检查报警信息，一处扣 5 分； 8. 未正确消除报警信息扣 10 分； 9. 未复位扣 2 分； 10. 未检查冷却风扇皮带扣 2 分； 11. 未测试部件，一处扣 5 分，未复位扣 5 分； 12. 未对流程进行试漏排查扣 3 分			

续表

序号	考核内容	操作规程	评分要素	评分标准	配分	扣分	得分
2	启原料气压缩机前检查操作	问题→复位→无报警状态存在； 10. 检查冷却风扇皮带是否有裂纹或者老化； 11. 触摸“部件测试”标签进入部件测试画面，分别触摸“压缩机预润滑油泵”“主电机润滑油泵”“冷却水泵”“冷却风扇”标签，检查各部件运行是否正常，旋转方向是否正确；按下“试验灯/复位”按钮，给系统复位； 12. 测试部件“进出口气动开关”时对流程进行试漏排查					
3	启动压缩机	1. 口述：启压缩机时通知中控联系供电部门、各岗位、输气首站做好相关配合； 2. 触摸一下“向电厂申请高压”标签，成功后，按下“启动”按钮，进行预润滑； 3. 预润滑完成后，预润滑指示灯闪烁，闪烁约5次后自动启动主电机，空载运行3~5min； 4. 当润滑油温度达到设定值时，根据显示屏上提示操作“可进行加载”时，把“加载/卸载”开关旋转至“加载”位置，机组自动加载运行并确认现场“加载/卸载”阀是否正在缓慢关闭；	按规章制度操作	1. 未口述扣2分； 2. 未点“向电厂申请高压电”标签扣5分，未按下“启动”按钮扣5分； 3. 未空载运行3~5min直接加载扣15分； 4. 未加载扣10分；自动加载后未确认现场加载阀的开关位置扣10分； 5. 加载完成后未进行现场巡检扣10分； 6. 未挂“运行”标识牌扣2分	45		

续表

序号	考核内容	操作规程	评分要素	评分标准	配分	扣分	得分
3	启动压缩机	5. 加载完成后，操作人员必须在现场四周巡回检查15min，待机组平稳后方可离开，同时做好相关记录； 6. 压缩机运行后正常后挂“运行”标识					
4	启动后检查	1. 检查机组一级、二级气缸有无异响； 2. 检查流程是否存在“跑、冒、滴、漏”现象； 3. 检查进出口压力、温度是否正常； 4. 检查电机绕组1#、2#、3#号温度是否正常； 5. 检查现场仪表远传数据是否与DCS中控数据一致； 6. 检查压缩机空冷器是否有异响； 7. 检查各连接部位螺栓无松动	按照要求进行检查	1. 未检查一级、二级气缸有无异响，一处扣2分； 2. 未检查流程“跑、冒、滴、漏”扣2分； 3. 未检查压力温度，一处扣2分； 4. 未检查电机绕组温度，一处扣2分； 5. 未与中控对比数据是否一致扣5分； 6. 未检查空冷器扣2分； 7. 未检查各连接部位是否松动，一处扣1分	15		
5	填写报表	1. 记录参数，填写数据，字迹应正确、完整、清晰、无涂改； 2. 记录原料压缩机一级、二级排气进出口压力、温度；记录原料气压缩机绕组温度； 3. 记录原料气压缩机驱动端与非驱动端的温度	记录参数，填写数据，字迹应正确、完整、清晰、无涂改	1. 未记录数据，一处扣1分； 2. 填写错误，一处扣1分	5		
6	安全文明操作	1. 遵守国家或企业有关安全规定； 2. 操作过程中严格遵守“四不伤害”原则	遵守国家或企业有关安全规定	1. 每违反一项规定，从总分中扣5分； 2. 因操作不当造成人身伤害，从总分中扣20分； 3. 严重违规取消考核； 4. 不正确使用工具、用具，扣分项在安全文明操作项内扣除，一次扣2分，最多扣20分			
备注							
合　计					100		

考评员：　　　　核分员：　　　　年　月　日

7. 报表

压缩机报表

发动机						压缩机					
电机								一级气缸		二级气缸	
1#绕组温度/℃	2#绕组温度/℃	3#绕组温度/℃	润滑油温度/℃	驱动端温度/℃	非驱动端温度/℃	入口压力/MPa	机油压力/MPa	排气温度/℃	排气压力/MPa	排气温度/℃	排气压力/MPa

现场温度检测

一级进气缓冲罐温度		二级进气缓冲罐温度		曲轴箱温度	
标准值	检测值	标准值	检测值	标准值	检测值
40		60		65	
一级排气缓冲罐温度		二级排气缓冲罐温度		一级气缸测温	
标准值	检测值	标准值	检测值	标准值	检测值
120		125		40/125	
主电机驱动端温度		电机非驱动端温度		二级气缸测温	
标准值	检测值	标准值	检测值	标准值	检测值
75		75		120	
冷却水进口温度		冷却水出口温度		空冷器电机A/B温度	
标准值	检测值	标准值	检测值	标准值	检测值A/B
40		50		80	

现场振幅检测

检测部位	标准值	检测值	检测部位	标准值	检测值
一级缸测振点1	18 μm		主电机机体测振1	18 μm	
一级缸测振点2			主电机机体测振2		
二级缸测振点1			主电机机体测振3		
二级缸测振点2			主电机机体测振4		
压缩机机体测振1			空冷器测振1		
压缩机机体测振2			空冷器测振2		
压缩机机体测振3			空冷器测振3		
压缩机机体测振4			空冷器测振4		
压缩机出口管线1			压缩机出口管线2		

备注：

记录人：　　　　　　　　　　　　　　　　　　记录时间：　　年　　月　　日

三十一、原料气压缩机停机操作

1. 考核要求

(1) 必须穿戴劳动保护用品。
(2) 工具、量具、用具准备齐全，正确使用。
(3) 操作规程符合安全文明操作。
(4) 按规定完成操作项目，质量达到技术要求。
(5) 操作完毕，做到“工完、料净、场地清”。

2. 准备要求

(1) 设备准备：

序号	名称	规格	数量	备注
1	压缩机	ZRDSSA-2/ YAKKS603-6	1台	

(2) 材料准备：

序　号	名　称	规　格	数　量	备　注
1	大布		若干	
2	手套		若干	
3	报表		若干	
4	笔		1支	

(3) 工具、用具准备：

序　号	名　称	规　格	数　量	备　注
1	四合一气体检测仪		1台	
2	正压式呼吸器		1具	硫化氢井(站)
3	F扳手		1把	
4	验电笔		1支	
5	绝缘手套		1副	
6	标识牌	“运行”“停运”	1块	
7	活动扳手	250mm	1把	

3. 操作程序说明

1）检查工具、用具、量具

（1）检查各工具、用具、量具的可用性，须符合本次操作使用要求。

（2）检查四合一气体检测仪有合格整、校验标签、在有效期内，归零检测。

（3）检查试电笔有合格证书、校验标签在有效期内，外观完好无破损、无受潮或进水。

2）停压缩机

（1）通知“中控”做好停原料气压缩机准备。

（2）先排空一级洗涤罐、二级洗涤罐污油。

（3）把“加载/卸载”开关旋转至“卸载”位置，机组自动空载运行并现场确认“加载/卸载”阀是否正在缓慢开启。

（4）空载运行 3~5min 后按“停机”按钮停运压缩机。

（5）关闭压缩机进出口阀、关闭滑油泵进出口阀门、关闭预润滑泵进出口阀门。

（6）泄掉压缩机组的余气，并做好相应记录。

（7）给控制柜断电。

（8）压缩机停机后挂“停止”标识。

（9）口述：紧急停机，直接按“PLC”触摸屏上的“停机”或“紧急停机”按钮，再按正常步骤操作。

3）填写报表

（1）记录参数，填写数据，字迹应正确、完整、清晰、无涂改。

（2）记录停机时间。

（3）记录停机原因。

4. 考核规定说明

（1）如发现操作过程中可能发生重大违章(如人身伤害、环境污染、设备损坏等)，将终止操作。

（2）考核采用百分制，考核项目得分按鉴定比重进行折算。

（3）考核方式说明：本项目为实际操作题，考核过程按评分标准及操作过程进行评分。

（4）考评技能说明：本项目主要测试考生对原料气压缩机停机技能掌握的熟练程度。

5. 考核时限

（1）准备工作：1min(不计入考核时间)。

（2）正式操作时间：20min。

（3）提前完成操作不加分，到时终止操作考核。

6. 评分记录表

原料气压缩机停机操作评分记录表

操作时间：20min　　　　考生：　　　　操作用时：

序号	考核内容	操作规程	评分要素	评分标准	配分	扣分	得分
1	准备	1. 穿戴好劳动保护用品； 2. 准备工具：四合一气体检测仪、正压式呼吸器(硫化氢井站)、报表、笔、大布、试电笔、绝缘手套、F扳手	准备工具、量具、用具	1. 劳保穿戴不整齐扣5分； 2. 未准备工具扣5分，多、少一件扣1分； 3. 未检查四合一气体检测仪扣5分，少检查一项扣2分； 4. 未检查试电笔扣5分，少检查一项扣2分； 5. 未检查绝缘手套外观完好、无老化、无漏气及合格证书扣2分	15		
2	停运原料气压缩机操作	1. 口述：通知“中控”做好停原料气压缩机准备； 2. 先排空一级洗涤罐、二级洗涤罐污油； 3. 把“加载/卸载”开关旋转至“卸载”位置，机组自动空载运行并现场确认“加载/卸载”阀是否正在缓慢开启； 4. 空载运行3～5min后按停机按钮停运压缩机； 5. 侧身关闭压缩机进出口阀、关闭滑油泵进出口阀门、关闭预润滑泵进出口阀门； 6. 泄掉压缩机组的余气，并作好相应记录； 7. 给控制柜断电； 8. 压缩机组停机后挂“停止”标识； 9. 口述：紧急停机，直接按“PLC”触摸屏上的“停机”或“紧急停机”按钮，再按正常步骤操作	严格按照操作规程操作	1. 未口述扣5分； 2. 未先排空一级、二级洗涤罐污油扣5分； 3. 停机方式不正确扣15分；未检查“加载/卸载”阀扣5分； 4. 空载运行时间不足扣5分； 5. 未关闭阀门，一处扣3分； 6. 未泄掉压缩机组余气扣5分； 7. 未安全断电扣10分； 8. 未挂运行标识牌扣5分； 9. 未口述扣5分	75		

续表

序号	考核内容	操作规程	评分要素	评分标准	配分	扣分	得分
3	填写报表	1. 记录参数，填写数据，字迹应正确、完整、清晰、无涂改； 2. 记录停机时间； 3. 记录停机原因	记录参数，填写数据，字迹应正确、完整、清晰、无涂改	未记录数据，一处扣1分	10		
4	安全文明操作	1. 遵守国家或企业有关安全规定； 2. 操作过程中严格遵守“四不伤害”原则	遵守国家或企业有关安全规定	1. 每违反一项规定，从总分中扣5分； 2. 因操作不当造成人身伤害，从总分中扣20分； 3. 严重违规取消考核； 4. 不正确使用工具、用具，扣分项在安全文明操作项内扣除；一次扣2分，最多扣20分			
备注							
合计					100		

考评员：　　　　核分员：　　　　年　月　日

7. 报表

压缩机报表

发动机						压缩机					
电机								一级气缸		二级气缸	
1#绕组温度/℃	2#绕组温度/℃	3#绕组温度/℃	润滑油温度/℃	驱动端温度/℃	非驱动端温度/℃	入口压力/MPa	机油压力/MPa	排气温度/℃	排气压力/MPa	排气温度/℃	排气压力/MPa

现场温度检测						现场振幅检测					
一级进气缓冲罐温度		二级进气缓冲罐温度		曲轴箱温度		检测部位	标准值	检值测	检测部位	标准值	检测值
标准值	检测值	标准值	检测值	标准值	检测值	一级缸测振点 1	18 μm		主电机机体测振 1	18 μm	
40		60		65		一级缸测振点 2			主电机机体测振 2		
一级排气缓冲罐温度		二级排气缓冲罐温度		一级气缸测温		二级缸测振点 1			主电机机体测振 3		
标准值	检测值	标准值	检测值	标准值	检测值	二级缸测振点 2			主电机机体测振 4		
120		125		40/125		压缩机机体测振 1			空冷器测振 1		
主电机驱动端温度		电机非驱动端温度		二级气缸测温		压缩机机体测振 2			空冷器测振 2		
标准值	检测值	标准值	检测值	标准值	检测值	压缩机机体测振 3			空冷器测振 3		
75		75		120		压缩机机体测振 4			空冷器测振 4		
冷却水进口温度		冷却水出口温度		空冷器电机 A/B 温度		压缩机出口管线 1			压缩机出口管线 2		
标准值	检测值	标准值	检测值	标准值	检测值 A/B	备注：					
40		50		80							

记录人：　　　　　　　　　　　　　　　　　　　　记录时间：　　年　　月　　日

三十二、丙烷压缩机启机操作

1. 考核要求

(1) 必须穿戴劳动保护用品。
(2) 工具、量具、用具准备齐全，正确使用。
(3) 操作规程符合安全文明操作。
(4) 按规定完成操作项目，质量达到技术要求。
(5) 操作完毕，做到“工完、料净、场地清”。

2. 准备要求

(1) 设备准备：

序　号	名　称	规　格	数　量	备　注
1	丙烷压缩机		1台	

(2) 材料准备：

序　号	名　称	规　格	数　量	备　注
1	大布		若干	
2	手套		若干	
3	报表		若干	
4	笔		1支	

(3) 工具、用具准备：

序　号	名　称	规　格	数　量	备　注
1	四合一气体检测仪		1台	
2	耳罩		1副	
3	正压式呼吸器		1具	硫化氢井(站)
4	F扳手		1把	
5	验电笔		1支	
6	绝缘手套		1副	
7	标识牌	“运行”“停止”	1块	

3. 操作程序说明

1）检查工具、用具、量具

（1）检查各工具、用具、量具的可用性，须符合本次操作使用要求。

（2）检查四合一气体检测仪有合格整、校验标签、在有效期内，归零检测。

（3）检查试电笔有合格证书、校验标签在有效期内，外观完好无破损、无受潮或进水。

（4）检查绝缘手套外观完好、无老化、无漏气，有合格证书。

2）启动压缩机前检查

（1）检查压缩机流程，无“跑、冒、滴、漏”现象，各阀门的开关状态正常。

（2）检查温度计在有效期内，表壳有无破损裂痕，刻度是否清晰，指针有无松动。

（3）检查压力表在有效期内，量程在 1/3～2/3 之间，铅封是否完好，表壳有无破损裂痕，刻度是否清晰，指针有无松动。

（4）检查电源和仪表风是否正常。

（5）检查压缩机润滑油油位是否正常。

（6）检查安全阀校验铭牌在有效期内，铅封是否完好，本体有无破损裂痕，根部阀全开。

（7）检查油分离器液位在 1/3～2/3 之间。

（8）给控制柜供电，检查 PLC 控制柜上是否存在报警。

（9）检查丙烷吸入罐液位不超过 400mm。

（10）检查丙烷缓冲罐液位不低于液位计量程的 1/2。

3）启动丙烷压缩机操作

（1）通知中控做好启机准备。

（2）打开油冷却器进出口阀门。

（3）打开空冷器进出口阀门。

（4）打开压缩机进出口阀门。

（5）消除控制柜上存在的报警。

（6）手动调节丙烷压缩机滑块位置在 0～5 之间。

（7）调节控制柜上滑阀位置开度为 0 的状态，并投入手动正常后投入自动状态。

（8）丙烷压缩机启机正常后挂“运行”标识牌。

4）启机后检查

（1）检查丙烷压缩机油滤压差不大于 0. 05MPa。

（2）检查丙烷压缩机润滑油温度控制在 40～50℃之间。

（3）检查机组有无异响。

（4）检查流程有无“跑、冒、滴、漏”。

（5）检查吸入罐液位是否正常。

（6）检查控制柜仪表盘上的各参数是否正常。

（7）检查丙烷压缩机机组温度、压力、油位是否正常。

5）填写报表

（1）记录参数，填写数据，字迹应正确、完整、清晰、无涂改。

(2) 记录丙烷压缩机吸气、排气压力、温度。

4. 考核规定说明

(1) 如发现操作过程中可能发生重大违章(如人身伤害、环境污染、设备损坏等), 将终止操作。

(2) 考核采用百分制, 考核项目得分按鉴定比重进行折算。

(3) 考核方式说明: 本项目为实际操作题, 考核过程按评分标准及操作过程进行评分。

(4) 考评技能说明: 本项目主要测试考生对丙烷压缩机启机技能掌握的熟练程度。

5. 考核时限

(1) 准备工作: 1min(不计入考核时间)。

(2) 正式操作时间: 30min。

(3) 提前完成操作不加分, 到时终止操作考核。

6. 评分记录表

丙烷压缩机启机操作评分记录表

操作时间: 30min　　考生:　　操作用时:

序号	考核内容	操作规程	评分要素	评分标准	配分	扣分	得分
1	准备	1. 穿戴好劳动保护用品; 2. 准备工具: 四合一气体检测仪、耳罩、正压式呼吸器(硫化氢井站)、报表、笔、大布、绝缘手套、F扳手	准备工具、量具、用具	1. 劳保穿戴不整齐扣5分; 2. 未准备工具扣5分, 多、少一件扣1分; 3. 未检查四合一气体检测仪扣5分, 少检查一项扣2分; 4. 未检查试电笔扣5分, 少检查一项扣2分	5		
2	丙烷压缩机启动前检查	1. 检查压缩机流程, 无"跑、冒、滴、漏"现象, 各阀门的开关状态正常; 2. 检查电源和仪表风是否正常; 3. 检查压缩机润滑油油位是否正常; 4. 检查安全阀校验铭牌在有效期内, 铅封是否完好, 本体有无破损裂痕, 根部阀全开;	按照操作规程认真检查	1. 未检查压缩机流程"跑、冒、滴、漏"扣5分; 未检查压缩机进出口阀门, 空冷器进出口阀门、缓冲罐进出口阀门, 一项扣5分; 2. 未检查电源扣5分; 未检查仪表风扣5分; 3. 未检查润滑油液位扣5分; 4. 未检查安全阀扣10分; 5. 未检查温度计扣5分; 6. 未检查压力表扣5分; 7. 未检查吸入罐液位扣10分; 8. 未未用试电笔确定控制柜是否漏电, 未戴绝缘手套进行控制柜送(断)	40		

续表

序号	考核内容	操作规程	评分要素	评分标准	配分	扣分	得分
2	丙烷压缩机启动前检查	5. 检查温度计在有效期内，铅封是否完好，表壳有无破损裂痕，刻度是否清晰，指针有无松动现象； 6. 检查压力表在有效期内，量程在 1/3~2/3 之间，铅封是否完好，表壳有无破损裂痕，刻度是否清晰，指针有无松动现象； 7. 检查丙烷吸入罐液位不宜超过 400mm； 8. 给控制柜供电，检查 PLC 控制柜上是否存在报警； 9. 检查油分离器液位在 1/3~2/3 之间； 10. 检查丙烷缓冲换液位不低于液位计量程的 1/2		电操作扣 5 分；未检查 PLC 控制柜上是否存在报警扣 5 分； 9. 未检查油分离器液位扣 5 分； 10. 未检查丙烷缓冲罐液位扣 5 分			
3	启动丙烷压缩机	1. 口述：通知中控做好启机准备； 2. 打开油冷却器进出口阀门； 3. 打开空冷器进出口阀门； 4. 打开压缩机进出口阀门； 5. 消除控制柜上存在的报警； 6. 确认控制柜上滑阀开度为 0 的状态，并投入手动正常后投入自动状态； 7. 手动调节丙烷压缩机滑块位置在 0~5 之间； 8. 分次增载并相应开启供液阀，注意观	流程检查、阀门开关状态检查、报警检查是否到位	1. 未口述扣 5 分； 2. 未打开冷却器进出口阀门，一处扣 10 分； 3. 未打开空冷器进出口阀门，一处扣 10 分； 4. 未打开压缩机进出口阀门，一处扣 10 分； 5. 未消除报警信息扣 5 分； 6. 未确认滑阀开度扣 5 分； 7. 未调节丙烷压缩机滑块位置扣 5 分； 8. 未分次增载供液阀扣 2 分，未旋至“定位”扣 2 分，未调节回油阀或调节不正确扣 5 分； 9. 未挂设备“运行”标识牌扣 2 分	35		

续表

序号	考核内容	操作规程	评分要素	评分标准	配分	扣分	得分
3	启动丙烷压缩机	察吸气压力，观察机组运行是否正常，若正常可继续增载至100%能量，然后将"增载/减载"旋钮旋至"定位"；调节油分离器底部回油阀，阀的开启度以保证油分离器后段视油镜中油面稳定为准，不允许油面超出视油镜，下视油镜中无油亦属正常； 9. 丙烷压缩机启机正常后悬挂"运行"标识牌					
4	启机后巡检	1. 检查丙烷压缩机油滤压差不大于0.05MPa； 2. 检查丙烷压缩机润滑油温度控制在40~50℃之间； 3. 检查机组有无异响； 4. 检查流程有无"跑、冒、滴、漏"； 5. 检查吸入罐液位是否正常； 6. 检查控制柜仪表盘上的各参数是否正常	认真检查到位	1. 未检查油滤压差扣5分； 2. 未检查润滑油温度扣5分； 3. 未检查机组是否有异响扣5分； 4. 未检查"跑、冒、滴、漏"扣5分； 5. 未检查吸入罐液位扣5分； 6. 未检查控制柜上参数扣5分	15		
5	填写报表	1. 记录参数，填写数据，字迹应正确、完整、清晰、无涂改； 2. 记录丙烷压缩机吸气、排气压力、温度	记录参数，填写数据	数据填写错误、漏填，一处扣1分	5		

续表

序号	考核内容	操作规程	评分要素	评分标准	配分	扣分	得分
6	安全文明操作	1. 遵守国家或企业有关安全规定； 2. 操作过程中严格遵守“四不伤害”原则	遵守国家或企业有关安全规定	1. 每违反一项规定，从总分中扣5分； 2. 因操作不当造成人身伤害，从总分中扣20分； 3. 严重违规取消考核； 4. 不正确使用工具、用具，扣分项在安全文明操作项内扣除，一次扣2分，最多扣20分			
备注							
合　计					100		

考评员：　　　　核分员：　　　　年　月　日

7. 报表

丙烷压缩机报表

丙烷缓冲罐液位/m	丙烷吸入罐液位/m	压缩机吸气温度/℃	压缩机排气温度/℃	压缩机吸气压力/MPa	压缩机排气压力/MPa	润滑油温度/℃	油滤网压力/MPa	循环水进油冷却器温度/℃	循环水出油冷却器温度/℃	空冷器进口温度/℃	空冷器出口温度/℃

备注：

记录人：　　　　记录时间：　　年　　月　　日

三十三、丙烷压缩机停机操作

1. 考核要求

(1) 必须穿戴劳动保护用品。
(2) 工具、量具、用具准备齐全，正确使用。
(3) 操作规程符合安全文明操作。
(4) 按规定完成操作项目，质量达到技术要求。
(5) 操作完毕，做到“工完、料净、场地清”。

2. 准备要求

(1) 设备准备：

序　号	名　称	规　格	数　量	备　注
1	丙烷压缩机		1台	

(2) 材料准备：

序　号	名　称	规　格	数　量	备　注
1	大布		若干	
2	手套		若干	
3	报表		若干	
4	笔		1支	

(3) 工具、用具准备：

序　号	名　称	规　格	数　量	备　注
1	四合一气体检测仪		1台	
2	耳罩		1副	
3	正压式呼吸器		1具	硫化氢井(站)
4	F扳手		1把	
5	验电笔		1支	
6	绝缘手套		1副	
7	标识牌	“运行”“停运”	1块	

3. 操作程序说明

1）检查工具、用具、量具

（1）检查各工具、用具、量具的可用性，须符合本次操作使用要求。

（2）检查四合一气体检测仪有合格整、校验标签、在有效期内，归零检测。

（3）检查试电笔有合格证书、校验标签在有效期内，外观完好无破损、无受潮或进水。

（4）检查绝缘手套外观完好、无老化、无漏气，有合格证书。

2）停丙烷压缩机操作

（1）通知中控做好停机准备。

（2）将“增载/减载”按键按至手动状态减载。

（3）待丙烷压缩机能量显示为0时关闭供液阀。

（4）按下丙烷压缩机停止按钮，使丙烷压缩机停止运转。

（5）关闭吸气截止阀、排气截止阀。

（6）关闭循环水进出扣阀。

（7）切断丙烷机组电源并悬挂“停机”标识。

（8）关闭丙烷压缩机入口阀门、丙烷进经济器阀门、丙烷出丙烷冷凝器控制阀。

（9）口述：紧急停机直接按按下“紧急停机”按钮。

（10）关闭吸气截止阀，关闭供液阀。

（11）冬天停运时必须排除油冷却器的水并投运电伴热。

3）填写报表

（1）记录参数，填写数据，字迹应正确、完整、清晰、无涂改。

（2）记录丙烷压缩机停机时间。

（3）记录丙烷压缩机停机原因。

4. 考核规定说明

（1）如发现操作过程中可能发生重大违章（如人身伤害、环境污染、设备损坏等），将终止操作。

（2）考核采用百分制，考核项目得分按鉴定比重进行折算。

（3）考核方式说明：本项目为实际操作题，考核过程按评分标准及操作过程进行评分。

（4）考评技能说明：本项目主要测试考生对丙烷压缩机停机技能掌握的熟练程度。

5. 考核时限

（1）准备工作：1min（不计入考核时间）。

（2）正式操作时间：30min。

（3）提前完成操作不加分，到时终止操作考核。

6. 评分记录表

丙烷压缩机停机操作评分记录表

操作时间：30min　　　　考生：　　　　操作用时：

序号	考核内容	操作规程	评分要素	评分标准	配分	扣分	得分
1	准备	1. 穿戴好劳动保护用品； 2. 准备工具：四合一气体检测仪、正压式呼吸器（硫化氢井站）、耳罩、报表、笔、大布、绝缘手套、F扳手、试电笔	准备工具、量具、用具	1. 劳保穿戴不整齐扣5分； 2. 未准备工具扣5分，多、少一件扣1分； 3. 未检查四合一气体检测仪扣5分，少检查一项扣2分； 4. 未检查试电笔扣5分，少检查一项扣2分； 5. 未检查绝缘手套外观完好、无老化、无漏气及合格证书扣2分	15		
2	停运压缩机	1. 口述：通知中控做好停机准备； 2. 将"增载/减载"旋钮旋至手动状态减载； 3. 待丙烷压缩机能量显示为0时关闭供液阀； 4. 按下丙烷压缩机停止按钮，使丙烷压缩机停止运转； 5. 关闭吸气截止阀、排气截止阀； 6. 关闭循环水进出口阀； 7. 切断丙烷机组电源并悬挂"停机"标识牌； 8. 关闭丙烷压缩机入口阀门、丙烷进经济器阀门、丙烷出丙烷冷凝器控制阀； 9. 口述：紧急停机直接按按下"紧急停机"按钮； 10. 关闭吸气截止阀、关闭供液阀； 11. 口述：冬天停运时必须排除油冷却器的水并投运电伴热	严格安操作规程操作	1. 未口述扣5分； 2. 未将"增载/减载"旋钮旋至手动状态减载扣5分； 3. 未待丙烷压缩机能量显示为0时关闭供液阀扣5分； 4. 未正确按下丙烷压缩机"停止"按钮扣5分； 5. 未关闭吸气截止阀、排气截止阀，一处扣5分； 6. 未关闭循环水进出口阀，一处扣5分； 7. 未安全切断丙烷机组电源扣10分，未挂设备"停机"标识牌扣2分； 8. 未关闭丙烷压缩机入口阀门、丙烷进经济器阀门、丙烷出丙烷冷凝器控制阀，一处扣5分； 9. 未口述紧急停机直接按按下"紧急停机"按钮，扣5分； 10. 未关闭吸气截止阀、关闭供液阀，一处扣5分； 11. 未口述扣5分	70		

续表

序号	考核内容	操作规程	评分要素	评分标准	配分	扣分	得分
3	填写报表	1. 记录参数，填写数据，字迹应正确、完整、清晰、无涂改； 2. 记录丙烷压缩停机时间； 3. 记录丙烷压缩停机时间	记录参数，填写数据，字迹应正确、完整、清晰、无涂改	数据填写错误，一处扣2分	15		
4	安全文明操作	1. 遵守国家或企业有关安全规定； 2. 操作过程中严格遵守“四不伤害”原则	遵守国家或企业有关安全规定	1. 每违反一项规定，从总分中扣5分； 2. 因操作不当造成人身伤害，从总分中扣20分； 3. 严重违规取消考核； 4. 不正确使用工具、用具，扣分项在安全文明操作项内扣除；一次扣2分，最多扣20分			
备注							
合　计					100		

考评员：　　　　核分员：　　　　年　月　日

7. 报表

丙烷压缩机报表

丙烷缓冲罐液位/m	丙烷吸入罐液位/m	压缩机吸气温度/℃	压缩机排气温度/℃	压缩机吸气压力/MPa	压缩机排气压力/MPa	润滑油温度/℃	油滤网压力/MPa	循环水进油冷却器温度/℃	循环水出油冷却器温度/℃	空冷器进口温度/℃	空冷器出口温度/℃

备注：

记录人：　　　　记录时间：　　年　　月　　日

三十四、透平膨胀机启停操作

1. 考核要求

(1) 必须穿戴劳动保护用品。
(2) 工具、量具、用具准备齐全，正确使用。
(3) 操作规程符合安全文明操作。
(4) 按规定完成操作项目，质量达到技术要求。
(5) 操作完毕，做到“工完、料净、场地清”。

2. 准备要求

(1) 设备准备：

序 号	名 称	规 格	数 量	备 注
1	透平膨胀机		1台	

(2) 材料准备：

序 号	名 称	规 格	数 量	备 注
1	大布		若干	
2	手套		若干	

(3) 工具、用具准备：

序 号	名 称	规 格	数 量	备 注
1	防爆 F 扳手		1把	
2	活动扳手	375mm	1把	
3	对讲机		1部	
4	标识牌	“运行”“停运”	1块	

3. 操作程序说明

1) 检查工具、用具、量具

检查各工具、用具及量具的可用性，须符合本次操作使用要求。

2) 启动前准备

(1) 检查静电接地 $<4\Omega$，仪表风压力在正常范围，电力供应及 PLC 面板状态正常，正压防爆柜压力正常，蓄能器充氮量充足。

(2) 检查压力表根部阀打开状态，各压力表、温度表完好备用，检查安全阀满足使用要求，进出口阀打开状态并打铅封。

(3) 检查润滑油箱液位在 1/2~2/3 之间。

(4) 透平膨胀机增压端、膨胀端排尽余污。

3) 投运密封气及润滑油系统

(1) 正常投运密封气系统，打开密封气伴热系统，调节密封气温度，调整密封气压力。

(2) 打开润滑油加热系统，待温度升至 20℃，投运润滑油系统，调整润滑油压力和滑油压差。

4) 启动透平膨胀机

(1) 检查防喘阀零位正常、开关正常，检查防喘阀设定值并投自动，打开防喘阀进出口阀门。

(2) 检查喷嘴零位正常、开关灵活后，将喷嘴开度调至 0。

(3) 打开增压端充压阀对增压端充压平衡后，打开增压端出口切断阀，打开增压端进口阀，关闭充压阀。

(4) 打开膨胀端出口阀，打开膨胀端进口阀，通知中控准备启动膨胀机。

(5) 打开膨胀端充压阀，将喷嘴前压力充平衡后，PLC 柜上按“复位”按钮，消除报警信息，按“启动”按钮，机组“运行”指示灯亮后，点击触摸屏上膨胀端进口切断阀，选择“打开”。

(6) 膨胀端进口自动切断阀打开后，关闭膨胀端进口充压阀。

(7) 逐渐调整打开膨胀机喷嘴开度，关小 J-T 阀开度，两者配合平稳控制温度下降速度和转速，将气源倒入膨胀机组(温度下降速度控制在 5℃/h 以内)。

(8) 根据转速增大，检查调整润滑油压力。

5) 启动后检查

(1) 检查机组各运行参数在正常范围内。

(2) 检查各密封部位无渗无漏。

6) 停运透平膨胀机

(1) 通知中控准备停膨胀机，J-T 阀投自动。

(2) 逐步关小膨胀机喷嘴开度，观察 J-T 阀开度变化情况、流量和转速变化情况、制冷温度变化情况。

(3) 按照制冷温度上升速度不超过 5℃/h 的要求，平稳调整喷嘴开度，只至喷嘴开度关到 0，气源全部倒入 J-T 阀。

(4) 点击触摸屏上膨胀端进口切断阀，选择“关闭”，待进口切断阀关闭后，按 PLC 柜上“停机”按钮，膨胀机停止运行。

(5) 关闭膨胀端进出口阀、出口阀，关闭增压端进口阀，关闭增压端出口切断阀。

(6) 停润滑油泵，关闭密封气。

(7) 膨胀端和增压端管线泄压。

7) 停运后检查

(1) 检查各密封部位无渗无漏。

(2) 检查各设备停运状态正常。

8）清理场地

清洁现场，收拾、清洁工具、用具。

4. 考核规定说明

（1）如发现操作过程中可能发生重大违章(如人身伤害、环境污染、设备损坏等)，将终止操作。

（2）考核采用百分制，考核项目得分按鉴定比重进行折算。

（3）考核方式说明：本项目为实际操作题，考核过程按评分标准及操作过程进行评分。

（4）测量技能说明：本项目主要测试考生对透平膨胀机启停技能掌握的熟练程度。

5. 考核时限

（1）准备工作：1min(不计入考核时间)。

（2）正式操作时间：每项 45min。

（3）提前完成操作不加分，到时终止操作考核。

6. 评分记录表

透平膨胀机启停操作评分记录表

操作时间：45min　　　　考生：　　　　操作用时：

序号	考核内容	操作规程	评分要素	评分标准	配分	扣分	得分
1	准备及检查	1. 穿戴好劳动保护用品； 2. 准备工具：大布、手套、防爆 F 扳手、活动扳手、对讲机	准备并检查工具、量具、用具及材料	1. 劳保穿戴不整齐扣 5 分； 2. 未准备工具及材料扣 5 分，多、少准备一件扣 1 分； 3. 未检查对讲机扣 5 分	5		
2	启动前准备	1. 检查静电接地、仪表风压力、电力供应及 PLC 面板状态、蓄能器充氮； 2. 透平膨胀机增压端、膨胀端壳体排污	按照操作规程进行检查、准备工作	1. 未检查静电接地或不清楚静电接地标准扣 5 分； 2. 未检查压力表、温度表、安全阀、润滑油系统，一项扣 2 分； 3. 未检查仪表风压力或不清楚仪表风压力正常范围扣 5 分； 4. 未检查电力供应、PLC 面板状态，一处扣 5 分； 5. 未检查蓄能器氮气量或不会对蓄能器充氮扣 5 分； 6. 增压端或膨胀端一处余液未排尽扣 5 分； 7. 正压防爆柜未正确投用扣 5 分	10		

续表

序号	考核内容	操作规程	评分要素	评分标准	配分	扣分	得分
3	投运密封气及润滑油系统	1. 投运密封气系统； 2. 投运润滑油系统	正确投运密封气、润滑油系统	1. 未打开密封气系统流程阀门，一处扣5分；未正确调整密封气压力至正常范围扣5分； 2. 未检查润滑油储罐液位在1/2～2/3处扣5分；未投运电加热器至自动扣5分；未投运油冷却器至自动扣5分；油路各阀门一处未打开扣5分； 3. 未正常调整辅助油泵压力至要求范围内扣5分；辅助油泵未投自动扣5分；未启动运行油泵扣5分；压力未调至正常范围扣5分	20		
4	启动透平膨胀机	1. 检查防喘阀零位正常、开关正常，检查防喘阀设定值并投自动，打开防喘阀进出口阀门； 2. 检查喷嘴零位正常、开关灵活后，将喷嘴开度调至0； 3. 打开增压端充压阀对增压端充压平衡后，打开增压端出口切断阀，打开增压端进口阀，关闭充压阀； 4. 打开膨胀端出口阀，打开膨胀端进口阀； 5. 打开膨胀端充压阀，将喷嘴前压力充平衡后，PLC柜上按“复位”按钮，消除报警信息，按“启动”按钮，机组“运行”指示灯亮后，点击触摸屏上膨胀端进口切断阀，选择“打开”； 6. 膨胀端进口自动切断阀打开后，关闭膨胀端进口充压阀； 7. 逐渐调整打开膨胀机喷嘴开度，关小J-T阀开度，两者配合平稳控制温度下降速度和转速，将气源倒入膨胀机组（温度下降速度控制在5℃/h）； 8. 根据转速增大，检查调整润滑油压力	正确启动膨胀机组	1. 未检查防喘阀零位及开关正常扣2分；防喘振流程未倒通扣5分； 2. 未检查喷嘴零位及开关灵活扣5分；未调至全关终止操作； 3. 未充压平衡就开切断阀，停止此项操作；增压端进口阀门，一处未打开终止操作，阀门开关顺序不正确扣5分； 4. 未打开膨胀端出口阀终止操作，未打开进口阀扣5分，开关顺序不正确扣5分； 5. 未打开膨胀端充压阀或压力未充平衡扣10分；触摸屏未按“复位”消除报警扣5分；未按“启动”按钮扣5分； 6. 未打开膨胀端进口切断阀扣10分；未关闭膨胀端充压阀扣2分； 7. 喷嘴开度调节速度过快扣2分；温度控制不平稳扣2分； 8. 未检查调整润滑油压力、压差扣2分； 9. 未挂设备“运行”标识牌扣2分； 10. 未检查J-T阀状态扣5分；膨胀端出口、进口阀一处未打开终止操作； 11. 温度下降超过5℃/h扣5分	25		

续表

序号	考核内容	操作规程	评分要素	评分标准	配分	扣分	得分
5	启动后检查	1. 检查机组各运行参数； 2. 检查各密封部位	检查运行情况	1. 运行参数一处未检查或不会调整扣2分； 2. 密封部位一处未检查或不会整改扣3分	10		
6	停运透平膨胀机	1. 通知中控准备停膨胀机，J-T阀投自动； 2. 逐步关小膨胀机喷嘴开度，观察J-T阀开度变化情况、流量和转速变化情况、制冷温度变化情况； 3. 按照制冷温度上升速度不超过5℃/h的要求，平稳调整喷嘴开度，只至喷嘴开度关到0，气源全部倒入J-T阀； 4. 点击触摸屏上膨胀端进口切断阀，选择“关闭”按钮，待进口切断阀关闭后，按PLC柜上“停机”按钮，膨胀机停止运行； 5. 关闭膨胀端进出口阀，关闭增压端进口阀，关闭增压端出口切断阀； 6. 停润滑油泵；关闭密封气膨胀端和增压端管线泄压	正确停运透平膨胀机组	1. 未通知中控扣5分；J-T阀未投自动扣5分； 2. 关小喷嘴开度时，未观察参数变化扣2分； 3. 温度变化过快扣2分；喷嘴开度调节不平稳扣2分；最终喷嘴开度未关到0扣2分； 4. 未关闭膨胀端进口切断阀扣2分；未按“停机”按钮扣2分，顺序不正确扣2分； 5. 未关闭阀门，一处扣2分； 6. 未停润滑油系统一扣2分；未停密封气系统扣2分； 机组停运后未泄压扣2分； 未挂“停运”指示牌扣2分	20		
7	停机后检查	1. 检查各密封部位； 2. 检查停运各设备状态	1. 检查各密封部位无渗无漏； 2. 检查各设备停运状态正常	1. 密封部位一处未检查或不会整改扣3分； 2. 未检查设备停运状态，一处扣5分	5		
8	清理现场	收拾工具、用具，清洁现场	收拾工具，清洁场地	1. 未清理现场扣除2分； 2. 工具少收一件扣除2分	5		

续表

序号	考核内容	操作规程	评分要素	评分标准	配分	扣分	得分
9	安全文明操作	1. 遵守国家或企业有关安全规定； 2. 操作过程中严格遵守“四不伤害”原则	遵守国家或企业有关安全规定	1. 每违反一项规定，从总分中扣5分； 2. 因操作不当造成人身伤害，从总分中扣20分； 3. 严重违规取消考核； 4. 不正确使用工具、用具，扣分项在安全文明操作项内扣除，一次扣2分，最多扣20分			
备注							
合　计					100		

考评员：　　　　核分员：　　　　年　月　日

三十五、精馏塔投运操作

1. 考核要求

(1) 必须穿戴劳动保护用品。
(2) 工具、量具、用具准备齐全，正确使用。
(3) 操作规程符合安全文明操作。
(4) 按规定完成操作项目，质量达到技术要求。
(5) 操作完毕，做到“工完、料净、场地清”。

2. 准备要求

(1) 设备准备：

序号	名称	规格	数量	备注
1	精馏塔		1台	

(2) 材料准备：

序号	名称	规格	数量	备注
1	大布		若干	
2	手套		若干	

(3) 工具、用具准备：

序号	名称	规格	数量	备注
1	防爆F扳手		1把	
2	一字形螺钉旋具		1把	
3	活动扳手	375mm	1把	

3. 操作程序说明

1) 检查工具、用具、量具
检查各工具、用具及量具的可用性，须符合本次操作使用要求。
2) 投运精馏塔
投用塔顶冷却器、精馏塔、塔底重沸器、回流罐、控制精馏塔参数达到规定值。
3) 投用后检查
控制参数运行情况平稳、检查各密封点无渗无漏，法兰进行热紧。

4）清理场地

清洁现场，收拾、清洁工具、用具。

4. 考核规定说明

（1）如发现操作过程中可能发生重大违章(如人身伤害、环境污染、设备损坏等)，将终止操作。

（2）考核采用百分制，考核项目得分按鉴定比重进行折算。

（3）考核方式说明：本项目为实际操作题，考核过程按评分标准及操作过程进行评分。

（4）测量技能说明：本项目主要测试考生对精馏塔投运技能掌握的熟练程度。

5. 考核时限

（1）准备工作：1min(不计入考核时间)。

（2）正式操作时间：每项 20min。

（3）提前完成操作不加分，到时终止操作考核。

6. 评分记录表

精馏塔投运操作评分记录表

操作时间：20min　　考生：　　操作用时：

序号	考核内容	操作规程	评分要素	评分标准	配分	扣分	得分
1	准备及检查	1. 穿戴好劳动保护用品； 2. 准备工具：大布、手套、防爆 F 扳手、一字形螺钉旋具、活动扳手； 3. 检查进出口流程，安全阀、压力表、温度计、液位计、静电接地、地脚螺栓	准备并检查工具、量具、用具及材料	1. 劳保穿戴不整齐扣 5 分； 2. 未准备工具及材料扣 10 分，多、少准备一件扣 2 分； 3. 未检查进出口流程扣 10 分，若一处阀门开关状态不正确扣 5 分； 4. 未正确检查安全阀、压力表、温度计、液位计、静电接地、地脚螺栓，一处扣 5 分	20		
2	投用精馏塔	1. 投用塔顶冷却器； 2. 关闭塔釜出料阀，打开塔顶进料阀，建立重沸器液位； 3. 投用重沸器导热油系统，并进行升温； 4. 根据塔釜液位，控制塔釜出料量； 5. 根据回流罐液位，启动回流泵，控制产品出料，根据塔顶温度、塔压控制塔顶回流量； 6. 控制精馏塔参数达到规定值	正确投用精馏塔	1. 未正确投用塔顶冷却器扣 5 分； 2. 未关闭塔釜出料阀扣 5 分；未打开塔顶进料阀扣 5 分；未正确建立重沸器液位扣 5 分； 3. 未正确投用重沸器扣 10 分； 4. 未根据塔釜设定液位，控制出料量扣 10 分； 5. 未控制回流罐液位至正常范围扣 5 分；未正确启动回流泵扣 10 分；未正确根据塔顶温度、压力控制回流量扣 10 分； 6. 未控制精馏塔参数达到规定值，一处扣 5 分	50		

续表

序号	考核内容	操作规程	评分要素	评分标准	配分	扣分	得分
3	投用后检查	1. 检查塔参数控制情况； 2. 检查密封情况； 3. 对塔及附属设备法兰进行热紧	正确进行检查	1. 控制参数一处运行不稳定扣5分； 2. 各密封点一处渗漏并未进行紧固调整扣5分； 3. 未进行热紧，一处扣5分	25		
4	清理现场	收拾工具、用具，清洁现场	收拾工具，清洁场地	1. 未清理现场扣除2分； 2. 工具少收一件扣除2分	5		
5	安全文明操作	1. 遵守国家或企业有关安全规定； 2. 操作过程中严格遵守“四不伤害”原则	遵守国家或企业有关安全规定	1. 每违反一项规定，从总分中扣5分； 2. 因操作不当造成人身伤害，从总分中扣20分； 3. 严重违规取消考核； 4. 不正确使用工具、用具，扣分项在安全文明操作项内扣除，一次扣2分，最多扣20分			
备注							
合计					100		

考评员： 核分员： 年 月 日